Phänomen Wasser

Gudrun Dalla Via

Phänomen Wasser

Heilquellen, Lichtwässer und
ihre verborgenen Kräfte

vgs

Die Informationen und Anwendungsvorschläge in diesem Buch sind von Autorin und Verlag nach bestem Wissen und Gewissen sorgfältig erwogen und geprüft, stellen aber keinen Ersatz für medizinische Betreuung jeglicher Art dar. Autorin und Verlag übernehmen keinerlei Haftung für etwaige Personen- oder Sachschäden, die sich aus Gebrauch oder Mißbrauch der in diesem Buch aufgeführten Anwendungsmöglichkeiten ergeben. Die beigefügten Lichtwässer sind in dieser Form allein zur Reproduktion von größeren Wassermengen und äußerlichen Anwendung gedacht und *nicht* zur Einnahme. Die Lichtwässer werden tropfenweise in die entsprechende Menge Trinkwasser gegeben (vgl. Anleitung auf Seite 87f.).

Zu den Anleitungen: Die Abkürzungen bei den Mengenangaben bedeuten: EL = Eßlöffel, TL = Teelöffel.

Die Deutsche Bibliothek – CIP-Einheitsaufnahme

Dalla Via, Gudrun:
Phänomen Wasser : Heilquellen, Lichtwässer und ihre verborgenen Kräfte / Gudrun Dalla Via. – Köln : vgs, 1997
ISBN 3-8025-1332-0

Bildnachweis:
Fotos S. 12 links: Theodor Schwenk, rechts: W. Roggenkamp, Stuttgart; beide aus: Theodor Schwenk: Das sensible Chaos, Verlag Freies Geistesleben, Stuttgart 1962/1995.
Foto S. 40: Alessi, Crusinallo (VB), Italien.
Grafiken: Christa Stüber, Köln

Redaktion: Martina Weihe-Reckewitz
Lektorat: Susanne Breuer
Umschlagfoto: Pictor International, München
Umschlaggestaltung: Christa Stüber, Köln
Produktion: Ilse Rader
Satz: Typo Forum Gröger, Singhofen
Druck: Universitätsdruckerei Stürtz, Würzburg
Printed in Germany
ISBN 3-8025-1332-0

Inhalt

Vorwort

Wie es zu diesem Buch kam

Nicht nur als geborene Aachenerin – die römische Bezeichnung *Aquis granum* bedeutet »gesundes Wasser« – hatte ich zum Wasser schon immer eine besondere Beziehung. Bereits seit meiner Jugend interessierte ich mich für natürliche Heilmethoden, und mein erstes Buch, das 1982 in Italien erschien, trug den Titel »Hydrotherapie«, beschäftigte sich also mit Heilanwendungen von Wasser. Eigentümlicherweise war nämlich das große Wissen der Römer um die mannigfaltigen Tugenden der Wasser ausgerechnet in Italien in Vergessenheit geraten. Neuere Anwendungsmethoden waren hauptsächlich in Mitteleuropa und Amerika erforscht worden, so daß ich mich zum Schreiben dieses Buches entschloß. Sein Erfolg gab mir recht.

Im Februar 1985, wenige Tage nach der Ausstrahlung der beliebten Talkshow von Raffaella Carrà im italienischen Fernsehen, an der ich mit dem Thema »Wassertherapie« teilgenommen hatte, rief mich die Biologin Dr. Enza Ciccolo an. Sie erzählte mir von einer erstaunlichen Entdekkung, die sie wenige Monate zuvor gemacht hatte und an der sie seither ununterbrochen arbeitete. Nach ihren Forschungsergebnissen, die in Universitätslabors überprüft worden waren, sind die »Wunderheilungen« in Lourdes nicht einzig auf den Glauben der Pilger zurückzuführen: Das Wasser der Lourdes-Quelle zeigt ganz bestimmte, therapeutisch wirksame physikalische Merkmale. Und nicht nur das: Die in diesem Wasser enthaltenen »Informationen« ließen sich beliebig oft auf andere Wässer übertragen, so daß es möglich sein müsse, auch an anderen Orten Wasserbecken mit den gleichen Eigenschaften zur Therapie anzulegen.

Ich schwankte zwischen großer Skepsis und Begeisterung. Was wohl wäre, wenn es tatsächlich ein unendlich »vermehrbares« Heilmittel gäbe? Um mir Klarheit zu verschaffen, besuchte ich Dr. Ciccolo in Mailand. Dort führte sie mich in die physikalischen Geheimnisse des Wassers ein und überzeugte mich durch die Stichhaltigkeit ihrer wissenschaftlichen Untersuchungen.

Mittlerweile wurden in vielen anderen Quellen solche physikalischen Eigentümlichkeiten mit therapeutischer Wirkung in unterschiedlicher Ausprägung entdeckt. Die neuen Entdeckungen und Erkenntnisse über das *Phänomen Wasser* überschlagen sich seither. In Italien, wo sich einige der untersuchten Quellen befinden, wurden inzwischen sogar Lichtwasser-Zentren (vgl. Seite 95) gegründet, wo man mit Hilfe der Lichtwässer wieder Gesundheit und Wohlbefinden erlangen kann.

Dieses Buch ist eine erste Zusammenfassung des aktuellen Forschungsstands und stellt Ihnen die fünf ersten Lichtwässer vor. Um Ihnen das *Phänomen Wasser* näherzubringen, habe ich mit zahlreichen renommierten Physikern gesprochen, die die Ergebnisse von Dr. Enza Ciccolo mit modernen physikalischen Erkenntnissen über atomare und molekulare Phänomene im Wasser untermauern konnten.

Die elektromagnetischen Schwingungserscheinungen der winzigen Wasserteilchen – auch im menschlichen Körper – können erst mit dem enormen Fortschritt in der physikalischen Meßtechnik wahrgenommen und dargestellt werden. Die elektromagnetischen Charakteristika von Körpergewebe und Organen des Menschen und auch die Wirkung der Lichtwässer auf Störungen des Körpersystems wurden erst dadurch wissenschaftlich nachgewiesen. Die Mikroinformation der Lichtwässer kann nachweislich, also meßbar auf »nicht-informierte« Wässer übertragen und dadurch »vermehrt« werden, um die therapeutische Anwendung sicherzustellen.

Die physikalischen Grundlagen des *Phänomens Wasser* sind faszinierend und gar nicht so schwer zu durchschauen. Für die Erläuterung dieser Grundlagen ist allerdings ein kleiner Ausflug in die Physik nötig. Aber lassen Sie sich nicht von den wissenschaftlichen Einzelheiten abschrecken: Zur Vermehrung und praktischen Anwendung der Lichtwässer muß man nicht jedes wissenschaftliche Detail im Kopf haben. Probieren Sie mit Hilfe des praktischen Teils (ab Seite 55) die Wirkung der Lichtwässer auf Ihren Körper einfach aus – Sie werden wahrscheinlich staunen!

Wie Wasser wirkt und heilt

Wasser ist etwas Besonderes

Warum sollte man etwas Besonderes in etwas so Alltäglichem wie Wasser sehen? Etwas, das man zum Waschen, zum Kochen und zum Trinken benutzt, das aber normalerweise reichlich und jederzeit vorhanden ist. Aber gerade diese »Alltäglichkeit« läßt uns womöglich das Besondere und Einzigartige am Wasser übersehen. Wir putzen uns die Zähne, kochen Kaffee, trinken Bier, waschen das Auto, sorgen uns vielleicht um das Absinken des Grundwasserspiegels, um die Qualität des Trinkwassers oder um zuviel bzw. zuwenig Regen. Im Grunde genommen ist jedoch für viele Menschen Wasser bestenfalls H_2O, ein Molekül, das aus zwei Atomen Wasserstoff und einem Atom Sauerstoff besteht.

Es gibt aber viel mehr zum Phänomen Wasser zu sagen – hier einige Denkanstöße:

■ Kein Leben ohne Wasser: Wir können viele Tage und sogar Wochen ohne feste Nahrung auskommen, aber ohne Wasser sind unsere Überlebenschancen gleich null. Je nach Temperatur und Luftfeuchtigkeit überstehen wir nur Stunden bis wenige Tage ohne das rettende Naß.

■ Das Leben auf unserem Planeten wurde erst möglich, als »sich die Wasser schieden«, als sich Wasser sammelte und zur Abkühlung der Erdkruste und der Atmosphäre beitrug und gleichzeitig eine übermäßige Abkühlung verhinderte: Wasser ist nämlich ein vorzüglicher Wärmespeicher und -regulator.

Kein Leben ohne Wasser.

■ Der Beginn des Lebens, die ersten Lebewesen auf unserem Planeten entstanden im Wasser. Die langsame Evolution bis zum Menschen hatte zur Folge, daß auch unser Stoffwechsel auf Wasser angewiesen ist und unser Körper zu rund 70 Prozent aus Wasser besteht.

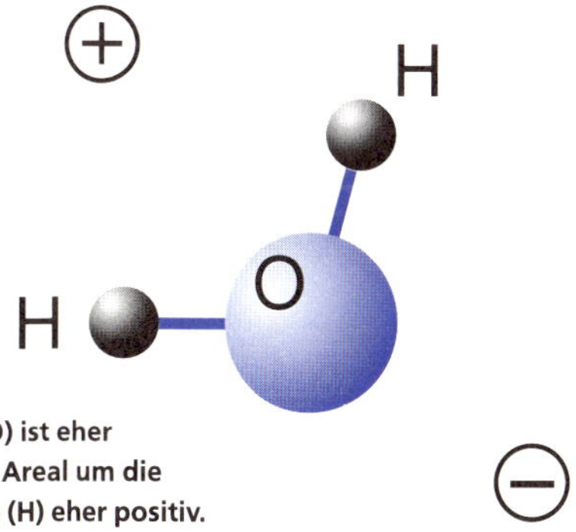

Das Wassermolekül ist ein elektrischer Dipol: Der Bereich um das Sauerstoffmolekül (O) ist eher negativ geladen, das Areal um die Wasserstoffmoleküle (H) eher positiv.

■ *Physikalische Eigentümlichkeiten des Wassers*

In vielerlei Hinsicht ist Wasser einzigartig. Es gibt den Wissenschaftlern immer mehr zu denken, weil es sich unter mindestens 12 physikalischen Aspekten, die normalerweise zur Bewertung einer Substanz untersucht werden, sozusagen »anormal« verhält. Aber alle seine Eigenschaften tragen in irgendeiner Form zu den Lebensbedingungen auf dem Planeten Erde bei:

■ Wasser ist das einzige »Material«, das innerhalb einer minimalen Temperaturspanne in drei »Dimensionen« vorkommt, nämlich innerhalb von rund 100 Temperaturgraden (Celsius) fest als Eis, flüssig als Wasser und gasförmig als Dampf.

■ Es hat bei vier Grad Celsius – also in flüssiger Form – seine höchste Dichte (ist am »schwersten«) und nicht etwa als Eis, wie man eigentlich annehmen sollte. Deshalb vergrößert sich Wasser beim Gefrieren, statt sich zu verkleinern. Weder in fester noch in flüssiger Form kann es komprimiert, auf geringere Ausdehnung gebracht werden, was eigentlich erstaunlich ist für einen so anpassungsfähigen und veränderlichen Stoff.

Wassermoleküle bilden Cluster.

■ Bei Zimmertemperatur (ca. 20 Grad Celsius) schließen sich seine Bestandteile zu Haufen (Clustern) von etwa 400 Molekülen zusammen. Zwischen den eher positiven Bereichen um die Wasserstoffatome und den eher negativen Arealen um die Sauerstoffatome wirken schwache elektromagneti-

Im Wasserdampf liegen die einzelnen Wassermoleküle einzeln vor und bewegen sich sehr stark.

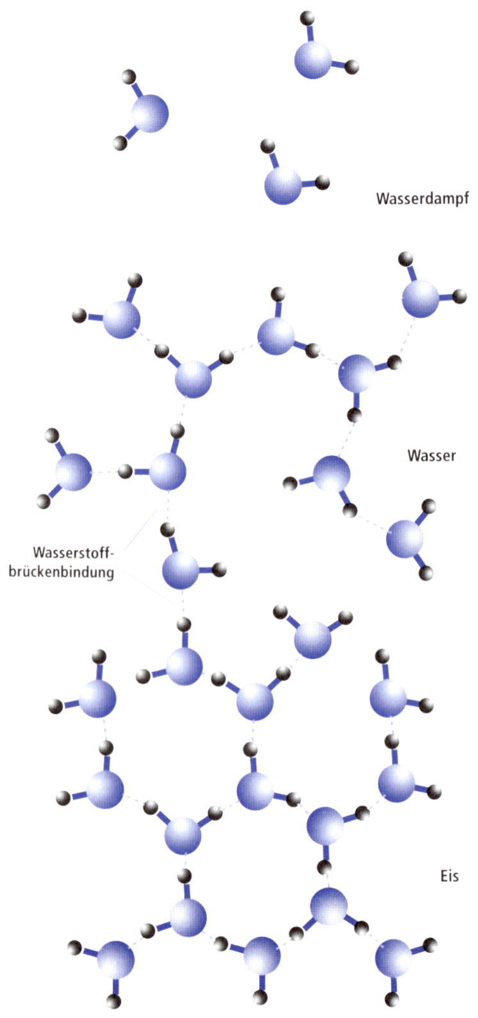

Im Eis sind die einzelnen Wassermoleküle in einem kristallartigen Gitter angeordnet.

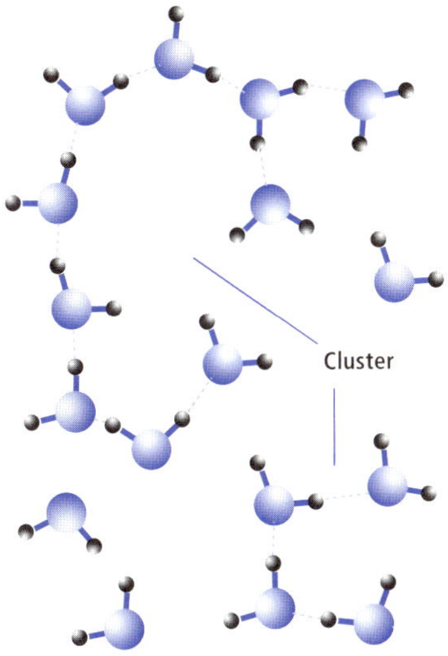

Bei Zimmertemperatur finden sich viele hundert Wassermoleküle mit Hilfe der Wasserstoffbrückenbindungen zu »Molekülhaufen«, sogenannten Clustern, zusammen.

sche Kräfte und bilden sogenannte Wasserstoffbrückenbindungen. Dies führt vor allem zu dem ungewöhnlichen Phänomen, daß Wasser erst bei 100 Grad Celsius siedet – viel später, bei höheren Temperaturen, als man physikalisch erwarten würde.

■ Außerdem ist Wasser außerordentlich leitfähig für elektromagnetische Schwingungen. Schwimmen im Meer bei Gewitter kann lebensgefährlich werden, auch wenn der Blitz in größerer Entfernung in die Wassermasse einschlägt. Die Leitfähigkeit ist übrigens nicht ein ausschließlich »elektrisches« Phänomen, wie man bei den neuesten Studien der Gehirnfunktion erkannt hat, sondern auch ein biochemischer Vorgang.

■ Daß Wasser ständig in Bewegung ist, wissen wir alle. Aber vielleicht haben Sie nie bedacht, daß Wasser auch ständig steigt und fällt, von den höchsten Bergspitzen und Wolken bis zum tiefsten Grund der Weltmeere und umgekehrt, und daß es dabei »aufnimmt« und »mitnimmt«. Im Fernen Osten würde man den ständigen Wandel in Form und Bewegung mit den Begriffen Yin und Yang beschreiben, die für die Gegensätze in unserer Welt stehen: für Erde und Himmel, Nacht und Tag, Winter und Sommer, schwer und leicht, innen und außen, absteigend und aufsteigend.

■ Mit »Vorliebe« vermischt sich Wasser mit Luft und Licht. Wasser, das in Bewegung ist, nimmt mehr gasförmige Substanzen, vor allem Sauerstoff und Kohlendioxid, auf. Dabei ist kaltes Wasser »aufnahmefähiger« als warmes Wasser. Die Aufnahme und Abgabe von Kohlendioxid durch Wasser spielt eine wichtige Rolle für die Photosynthese der Pflanzen, die das Kohlendioxid in den Sauerstoff unserer Atemluft umwandeln.

Wasser ist aufnahmefähig für Licht und Luft.

■ Wasserstoff ist bei Kühle aktiver als bei Wärme, Sauerstoff ist hingegen bei Wärme reaktionsfreudiger. Da Wasser beides enthält, ist es besonders »beweglich«.

■ Bei der Bewegung selbst können wir mehr als eine Eigentümlichkeit beobachten: Wenn sich zum Beispiel Wasser in einer Welle im Fluß bewegt, fließt das Wasser fort, aber die Wellenform in der Wasserfläche verharrt auf der gleichen

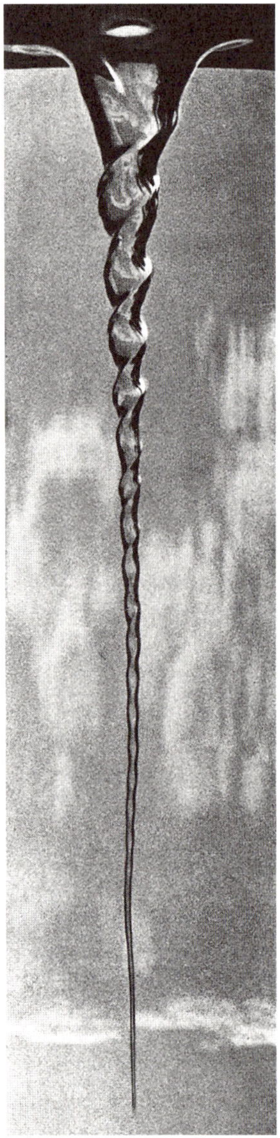

Wasser bewegt sich häufig in Spiralen, die eine günstige Energiebilanz haben.

Wasserströmungen (hier in einem Rohr) fließen oft in einer doppelten Spirale.

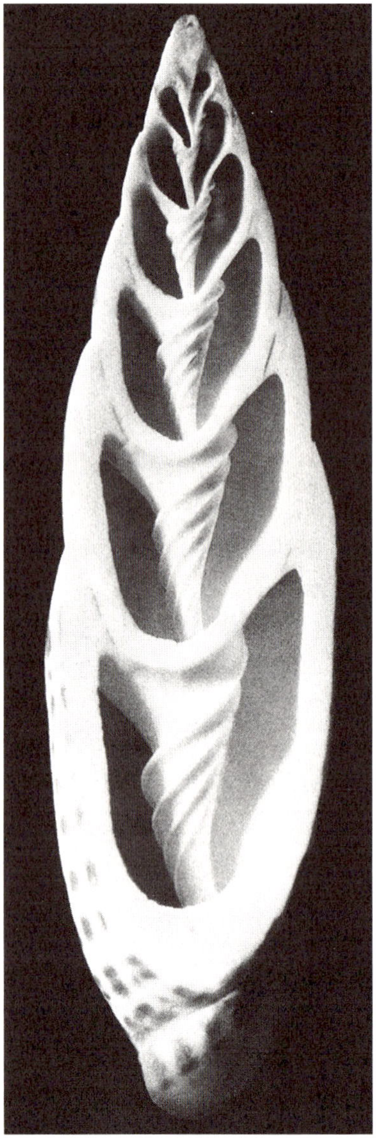

Die Spiralform ist in der Natur häufig anzutreffen, zum Beispiel bei Schnecken.

Stelle (sogenannte »stehende Welle«). Das Wasser fließt also praktisch »durch die Welle« hindurch. Im offenen Meer ist es etwas anders: Hier bewegt sich vor allem die Welle fort, die Form wandert über die Wasserfläche, aber das Wasser bleibt im großen und ganzen an der gleichen Stelle. In jedem Fall aber ist die Welle ein Transportmittel, das Gegenstände, aber auch weniger Offensichtliches wie Wärme (z.B. im Golfstrom) und auch »Informationen« tragen kann.

■ Wassertropfen haben die Tendenz, eine Kugelform zu bilden. Dabei handelt es sich um die harmonischste und die physikalisch »sparsamste« Form, da ein relativ großer Inhalt von einer vergleichsweise kleinen Oberfläche umgeben ist. Daraus ergibt sich ein sehr geringer Energieverlust.

Wasser zeigt auch Bewegungsformen wie Wellen, Strudel oder Spiralformen. Sie brauchen nicht einmal zu einem Bach oder Wasserfall zu gehen, um so etwas zu beobachten: Sehen Sie nur einmal zu, wie das Wasser aus dem Abfluß Ihrer Badewanne hinausfließt oder wie sich Wasserdampf bei geringem Druck in Spiralform, ja sogar in doppelter Spiralform (!) erhebt. Auch bei (nicht begradigten) Flüssen und sogar im Inneren von Rohren kann man beobachten, daß sich Wasser stets spiralförmig »einwickelt«, wobei eine größere sogenannte Sekundärwalze sich gleichfalls schraubenförmig mit dem spiraligen Hauptstrom mitbewegt (vgl. Abbildungen linke Seite).

Wenn man diese Bewegungsformen des Wassers genau beobachtet und untersucht, kann man in der Regel die Ausbildung von ganz bestimmten Größenverhältnissen feststellen, die man genauso im Pflanzen- oder Tierreich (zum Beispiel bei Schnecken) und sogar in Felsbildungen wiederfinden kann. Auch unsere Erbinformation, das lange DNS-Molekül, hat die Struktur einer doppelten Spirale (Doppelhelix). Diese Form hat offenbar in der Natur energetisch eine besondere Bedeutung, weil sie bei vielen wichtigen Strukturen auftaucht.

Wasser ist ein elektrischer Dipol.

■ Wasser wird als neutral bezeichnet, was seine elektrische Ladung anbelangt. Allerdings sind seine Wasserstoffionen eher positiv (»elektrisch«) geladen, seine Sauerstoffionen hingegen eher negativ (»magnetisch«). Daraus ergeben sich also praktisch zwei elektromagnetische Pole innerhalb des Moleküls, ähnlich wie in einer Batterie. Zudem wechseln die elektrischen Spannungen im Wasser ständig bei der Abgabe und Aufnahme von (negativ geladenen) Elektronen. Gerade diese starke Veränderlichkeit innerhalb der Molekülstruktur des Wassers ist die Grundlage für seine Bindungsfreudigkeit. Es löst andere Substanzen auf und bindet sie auf eine typische Art (mit Hilfe von Wasserstoffbrückenbindungen), die wir in anderen Flüssigkeiten nicht finden.

Die Mikroinformation des Wassers

Jedes Wassermolekül ist verhältnismäßig einfach aufgebaut, nämlich aus zwei Atomen Wasserstoff und einem Atom Sauerstoff (H_2O, vgl. Seite 9). Und trotzdem trifft der volkstümliche Ausdruck »sich ähneln wie zwei Tropfen Wasser« nicht ganz zu, denn es gibt wahrscheinlich keine zwei Wassertropfen, die einander genau gleich sind. Das zeigt sich unter anderem, wenn man die kristallisierte Form, d.h. Schneeflocken oder auch Eisblumen am Glasfenster, betrachtet. Seit langem kennt man mindestens elf verschiedene Erscheinungsformen von Eis. In Schneeflocken, von Forschern fotografiert, wurden sogar Tausende von verschiedenen Formen entdeckt und bisher keine zwei, die sich hundertprozentig gleichen.

Es hat etwas länger gedauert, bis man sicher sein konnte, daß ähnliches auch auf den flüssigen Zustand des Wassers zutrifft. Doch mittlerweile haben Physiker eindeutig festgestellt: Die Bindungen zwischen den einzelnen Wasserstoff- und Sauerstoffatomen sind so instabil, daß sich Wasser in ständiger Veränderung befindet. Emilio del Giudice, Professor für theoretische Physik am staatlichen Institut für Atomphysik an der Universität Mailand, beschreibt das folgendermaßen:

Elektrodynamische Prozesse halten die Wassermoleküle in Bewegung.

»Man kann Wassermoleküle mit einem Tanzboden vergleichen. Die Herren sind die Atomkerne, die Damen die Elektronen. Sie schwingen und wechseln dauernd den Partner zu einer Musik, die durch den Gesamtzusammenhang erzeugt wird und den Frequenzen eines elektromagnetischen Feldes entspricht. Auf diese Weise interagiert jedes Partikelchen mit allen anderen, und sie ›sprechen‹ miteinander auch auf Entfernung.

Heute weiß man, daß im Inneren der Wassermoleküle nicht elektrostatische, sondern elektrodynamische Kräfte wirken. Diese gestatten es den Wassermolekülen, sich zu einem organisierten ›Staat‹ zusammenzufügen, der ständig in Bewegung ist. Allerdings kommunizieren zwei Moleküle nur miteinander, wenn sie auf die gleiche Frequenz eingestellt (resonant) sind – als ob sie Antennen hätten. Sobald dies zutrifft, entsteht die Grundlage für ein erstaunliches Netz des Informationsaustauschs. Daraus ergibt sich eine vollkommen neue Interpretation der Wasserphysik.«

Zwei Forschungsgruppen der Universität Berkeley haben durch neue und komplizierte Untersuchungstechniken entdeckt, welche Architektur Wassermoleküle an der Oberfläche eines Tropfens annehmen. Auch sie »sahen«, wie die Wasserstoffbrücken untereinander Elektronen austauschten und in stetiger Bewegung die Positionen wechselten.

Die Untersuchungen eines russisch-österreichischen Biophysikers, Professor Karl Trincher, haben bestätigt, was bereits andere Forscher (wie Fowler, Bernal und Clegg) gefunden hatten:

nämlich daß Wassermoleküle sich in verschiedenen Phasen, je nach den physikalischen Gegebenheiten (Temperatur, Druck, elektromagnetische Felder usw.), aneinander binden. Trincher unterscheidet zwischen Phase I, in der die Moleküle fester untereinander verbunden sind, der »nematischen« Phase II, in der eine stark geordnete Verteilung der Moleküle vorliegt, und der »cholesterinischen« Phase III, bei der sich die Moleküle sogar schrauben- oder spiralenförmig anordnen. Die verschiedenen Phasen des Wassers sind auf unterschiedliche Weise offenbar in der Lage, Informationen aufzunehmen und in Form von inneren molekularen Strukturen zu speichern.

Daß Wasser ein Informationsträger ist, weiß man zwar schon seit langem, und verschiedene Therapien beruhen gerade auf diesem Prinzip. Aber die moderne Wissenschaft gibt sich nicht damit zufrieden, *daß* etwas geschieht. Sie will auch wissen, *wie* es geschieht, sonst gilt ein Phänomen als »unwissenschaftlich« (ähnlich wie es Galilei im 16. Jahrhundert erging, der als Ketzer galt, weil er Kopernikus' These unterstützte, daß sich die Erde um die Sonne dreht). Es genügt also bei weitem nicht, daß etwas Tag für Tag vor sich geht, sondern man verlangt reproduzierbare Beweise, die ein Phänomen glaubwürdig erscheinen lassen.

Erst dank der verhältnismäßig neuen Erkenntnisse der Atomphysik wurde es möglich, Therapieformen, die sich des Wassers als »Informationsträger« bedienen, wissenschaftliche Anerkennung zukommen zu lassen. Mehr darüber im Kapitel über Homöopathie und Bach-Blütentherapie ab Seite 20 und 22.

Das Wort Energie, das im Zusammenhang mit Wasser und Behandlungsformen immer häufiger fällt, mag bei manchem Skepsis hervorrufen. Aber man sollte nicht vergessen, daß es schließlich heute sehr viele Diagnose- und Therapiegeräte ohne das Prinzip der Energie und der physikalischen Schwingungen nicht geben würde: von Röntgenplatten und Ultraschalluntersuchungen bis zu Rotlicht- und Kobaltbestrahlungen. Die Meßergebnisse solcher Geräte spiegeln nur Vorgänge und Strukturen im menschlichen Körper wider, die letztendlich auf Stoffwechselvorgänge mit Energieaustausch und elektromagnetischen Schwingungserscheinungen zurückgehen. Die Auswirkungen der Strahlung, die solche Geräte abgeben, können diese organischen Vorgänge erheblich beeinflussen.

Wasser kann Informationen aufnehmen und speichern.

Heilende Wässer – von Hippokrates bis Kneipp

Wasser wird schon seit Jahrtausenden auf die verschiedenste Weise als Heilmittel eingesetzt. So empfahl bereits Hippokrates (Griechenland 460–377 v. Chr.), noch heute als »Vater« der modernen Medizin angesehen, zur Heilung bestimmter Beschwerden zum Beispiel verschiedene Badetechniken sowie Umschläge, Waschungen, Packungen und dergleichen. In Deutschland sind Vinzenz Prießnitz (1790–1851) und Sebastian Kneipp (1821–1897) mit ihren Wassertherapien für jeden ein Begriff. Schwitzpackungen, Wickel, Wasser- und Tautreten, Wechselduschen, Wechselbäder, Armbäder, Sitzbäder, Dampfbäder sind nur einige der über 100 Anwendungen, die noch heute in Naturheilkliniken und Krankenhäusern, aber auch daheim praktiziert werden.

Die Wassertemperatur wirkt auf den menschlichen Körper.

Bei Wasseranwendung nach Kneipp und Prießnitz werden vor allem die verschiedenen physikalischen Reize des Wasser genutzt: die Temperatur, der mechanische Reiz, aber auch chemische Reize.

Die Temperatur

Wasser zwischen 35 und 37 Grad Celsius, d. h. nahe unserer Körpertemperatur, bewirkt ein angenehmes Körpergefühl (möglicherweise auch, weil unbewußte Erinnerungen an die Zeit vor der eigenen Geburt im Schutze des Mutterleibes wach werden), ist aber allein kein ausreichender Stimulus, um in Kneippschem Sinn Erfolg zu haben. Je größer der Unterschied zwischen Wassertemperatur und Körpertemperatur, desto stärker ist der Reiz und damit die Reaktion des Körpers darauf.

Dabei wirken warme Anwendungen entspannend (mit Ausnahme kurzer, heißer Duschen oder Bäder), während kühle und kalte Anwendungen eine anregende Wirkung haben. Kalte Anwendungen dürfen nur bei hinreichender Reaktionskraft eines gesunden Körpers und nur auf warme (oder hinreichend vorgewärmte) Körperteile vorgenommen werden. Außerdem muß der Körper »eingestimmt« werden: Man beginnt mit verhältnismäßig schwachen Reizen, d. h. milden Temperaturwechseln, um sie dann allmählich, je nach Verträglichkeit, zu steigern.

Dem Reaktionsreiz kommt deshalb eine besondere Bedeutung zu, weil ein Körper, der reagiert, lebendig ist. Je reaktionsfähiger er ist, desto besser ist er auch vor Krankheiten gewappnet. Kein anderes Mittel ist so vorzüglich geeignet wie Wasser, eine gesunde Reaktion im Organismus hervorzurufen und seine Widerstandskraft allmählich immer mehr zu stärken.

Hierzu eignen sich vor allem die Kneippschen Anwendungen mit wechselnder Temperatur. Zunächst wird der Körper aufgewärmt, beispielsweise mit einer warmen Waschung, einem Bad, einer Dusche oder einer Abreibung. Dann folgt eine kalte oder zumindest relativ kühlere Anwendung. Normalerweise wechselt man mindestens dreimal zwischen den Temperaturen, wobei die warme Anwendung etwa dreimal so lange dauern soll wie die kalte. Mit der kalten Phase wird die Behandlung abgeschlossen, die eine nachhaltige, belebende und wohltuende Reaktion des Körpers einleitet: Der Blutkreislauf und damit der Stoffwechsel werden angeregt.

Eine weitere Möglichkeit zur Anregung der Reaktionskraft ist der Kneippsche Wickel. Hierzu legt man ein leichtes, in kühlem Wasser getränktes und gut ausgewrungenes Tuch auf die entzündete oder geschwächte Stelle (zum Beispiel den schmerzenden Hals, das verstauchte Gelenk), legt ein trockenes Tuch darüber und umwickelt das Ganze mit einem warmen Wolltuch, Schal oder bei größeren Bereichen mit einer Decke. Der Kontakt mit dem kühlen Tuch veranlaßt den Körper, die lokale Blutzufuhr zu vermehren, um einen Temperaturausgleich zu schaffen. Die beiden oberen Stofflagen verhindern das Auskühlen, so daß die vermehrte körpereigene Wärme ihre heilende Wirkung entfalten kann.

Der mechanische Reiz

Viele Menschen, die zum ersten Mal den Ausdruck Wassertherapie hören, denken spontan an Wassermassage und Sprudelbäder. Hierbei übt das Wasser einen mechanischen Reiz auf den Körper aus. Selbst Menschen, die sich bei manueller Massage nicht zu entspannen vermögen, empfinden eine Wassermassage als angenehm spannungslösend. Aber auch schon eine ganz normale Dusche übt einen mechanischen Reiz auf Haut und Gewebe aus. Dabei braucht der Strahl durchaus nicht stark zu sein. Es ist im Gegenteil ratsam, daß er weich und breit über den Körper fließt.

Der Wasserdruck wirkt auf den menschlichen Körper

Nach Kneipp sind die milden Reize die wirksamsten. Schon der unmerkliche Druck, den das Wasser gleichmäßig auf die ganze Körperoberfläche ausübt, wenn wir in der Badewanne liegen, vermindert die körperliche Anspannung und die Belastung der Gelenke durch das Körpergewicht. Im Wasser fühlen wir uns »leichter«, was vor allem die Entspannung der Muskulatur fördert.

Der Reflexreiz

Daneben können auch Reflexreize auf vielfache Weise wirksam werden. An der ganzen Körperoberfläche gibt es nämlich Reflexzonen, die energetisch mit zum Teil auch entfernt liegenden Körperteilen und inneren Organen korrespondieren. Besonders »ansprechbar« sind die Reflexzonen der Füße, weshalb Wassertreten und Tautreten ein fester Bestandteil der Wassertherapie in vielen Kurhäusern sind. Meist stehen hier Becken zur Verfügung, deren Boden mit dicken Kieseln ausgelegt ist, wodurch die Reflexzonen der Füße beim Darübergehen in unterschiedlicher Weise angeregt werden. Wer einen Urlaub am Meer verbringt, sollte auf jeden Fall die Gelegenheit nutzen, so viel wie möglich barfuß am Strand spazierenzugehen, und zwar vor allem dort, wo die Brandung dauernd das Ufer benetzt und Unebenheiten im Sand vorkommen.

Der chemische Reiz

Die Substanzen im Wasser wirken auf den menschlichen Körper.

Normalerweise »verteidigt« unsere Haut den Körper vor der Außenwelt und verhindert das unkontrollierte Eindringen von Fremdstoffen. Aber warmes Wasser in Form von Bädern oder Packungen vermag die Poren unserer Haut zu öffnen, so daß sie aufnahmefähig für manche Substanzen wird. Auf diese Weise können auch über die Haut Wirkstoffe aufgenommen werden, und deshalb werden Wasseranwendungen häufig durch Pflanzenextrakte, Heilerde und andere wirkstoffreiche Substanzen sinnvoll ergänzt.

Wasser »mit« und Wasser »ohne«

Die bisher aufgeführten Wasseranwendungen können mit ganz normalem Leitungswasser (Brunnenwasser, Bachwasser etc.) durchgeführt werden. Es gibt allerdings auch spezielle Beschwerdegebiete, in denen bestimmte Arten von Wasser eingesetzt werden. Zum Beispiel sind zahlreiche Thermalquellen oft besonders reich an bestimmten Mineralsalzen und Spurenelementen, deren Mischung von einem Thermalort zum anderen jeweils anders zusammengesetzt ist und die demzufolge auch therapeutisch unterschiedliche Anwendung in Form von Trinkkuren, Bädern, Unterwassermassagen und dergleichen mehr findet. »Thermal« bedeutet übrigens »warm«, viele Mineralquellen entspringen der Erde nämlich warm oder sogar extrem heiß.

Thermalkuren erfreuen sich seit Jahrtausenden großer Beliebtheit. Die Römer bauten einst bekanntlich ihre Städte vorzugsweise dort, wo auch Thermalquellen entsprangen. In der Belle Epoque um die Jahrhundertwende versammelte sich alles, was Rang und Namen hatte, regelmäßig an eleganten Kurorten, um die Gesundheit und gleichzeitig gesellschaftliche und politische Kontakte zu pflegen.

Zahlreiche Forschungsstudien belegen heute, daß gerade Wasser- und Thermaltherapien ein hoher Stellenwert zur Vorbeugung, Linderung und Heilung zahlreicher Beschwerden zukommt. Deshalb sollte man auch das Trinkwasser bewußt wählen, und das nicht nur, wenn man Zweifel an der Qualität des Leitungswassers hat. Viele Menschen greifen heute bereits auf in Flaschen abgefülltes Mineralwasser zurück. Aber wie gesagt: Wasser ist nicht gleich Wasser. In Deutschland sind die gesundheitlichen Bestimmungen für das Wasser aus der Leitung beispielsweise schärfer als für Trinkwasser in Flaschen. So dürfen Mineralwässer fünfmal mehr Arsen und 30mal mehr Bor enthalten als unser Leitungswasser.

Der Begriff Mineralwasser besagt bereits, daß das Wasser an einer Quelle abgefüllt wurde, deren Wasser reich an bestimmten natürlichen Mineralsalzen und Spurenelementen ist. Dabei ist es absolut nicht gleichgültig, welches Wasser man wählt. Wer gesundheitliche Beschwerden hat, sollte unbedingt mit dem Arzt absprechen, welche Mineralien bei seinen Beschwerden besonders geeignet oder gar eher schädlich sind. Patienten mit Nierensteinen zum Beispiel sollten nur Wasser mit äußerst schwachem Mineralstoffgehalt trinken; Bluthochdruck-Patienten sollten nicht nur mit dem Kochsalz sparsam umgehen, sondern auch Wasser mit geringem Natriumgehalt wählen. Mineralwasser für Kleinkinder sollte besonders wenig Nitrat enthalten, da dies von den noch nicht voll entwickelten Nieren kaum verarbeitet werden kann.

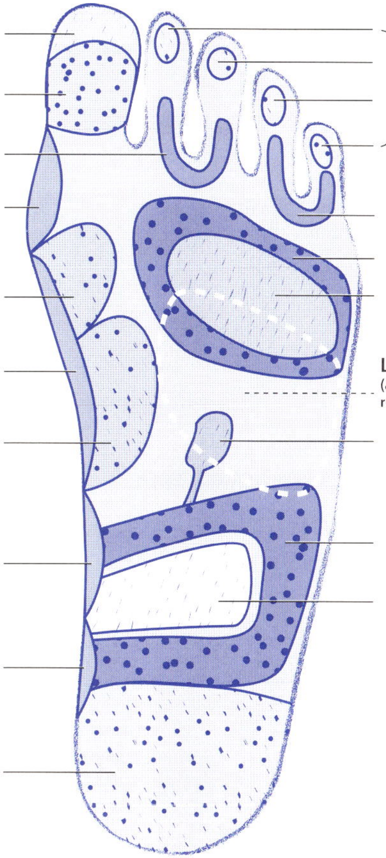

Die Reflexzonen auf den Fußsohlen (hier des linken Fußes) korrespondieren mit bestimmten Organen und Geweben des Körpers. Über die Reizung der Reflexzonen an den Füßen, zum Beispiel durch Massage, kann die Funktion von bestimmten Organen beeinflußt werden.

Die Homöopathie und das Phänomen Wasser

Die von Samuel Hahnemann (1755–1843) entwickelte Homöopathie beruht auf dem Prinzip, Erkrankungen mit Stoffen zu behandeln, die dem Erscheinungsbild der Krankheit eines Patienten möglichst ähnliche Symptome auslösen. Dieses sogenannte Simillimum-Prinzip erinnert in gewisser Hinsicht an Impfungen, bei denen geringe Mengen des Krankheitserregers die Entwicklung von körpereigenen Immunstoffen anregen sollen. In den homöopathischen Mitteln allerdings wird der Wirkstoff so stark verdünnt, daß er ab der Lösung D24 (24 Zehntel) oder C 12 (12 Hundertstel) chemisch nicht mehr nachweisbar ist und nach analytischen Berechnungen kein einziges Molekül der Substanz mehr im Wasser vorhanden sein kann.

Wasser ist der Informationsträger in der Homöopathie.

Eine Substanz wird zunächst in der zehnfachen Menge Wasser angesetzt und kräftig geschüttelt. Dann entnimmt man ein Zehntel der Lösung, verdünnt sie mit der zehnfachen Menge Wasser, schüttelt wieder und so fort. Dabei bedeutet D3 (das dritte Zehntel), daß der Ausgangsstoff diesem Verdünnungsprozeß dreimal unterzogen wurde.

Was in hohen Verdünnungen also noch wirksam ist, kann in der Regel nicht mehr die chemische Substanz als solche sein, sondern nur ihre energetische Information, sozusagen die Energie der molekularen Formel. Dabei ist besonders interessant, daß die homöopathischen Mittel in höheren Verdünnungen immer stärker in ihrer Wirkung werden. Man spricht dann von hochpotenzierten Mitteln.

Die schrittweisen Verdünnungen werden ausschließlich in Wasser durchgeführt, weil es ein ideales Lösungsmittel ist. Allerdings belegen neuere Forschungen immer deutlicher, daß es noch viel mehr als nur eine Flüssigkeit ist, in der sich feste Stoffe auflösen können: Wasser ist auch ein hervorragender Informationsträger.

Das Problem der Homöopathie bestand jahrzehntelang darin, daß ihr Wirkungsprinzip von vielen Seiten nicht verstanden und deshalb als »unwissenschaftlich« abgelehnt wurde. Die Tatsache, daß klinische Untersuchungen nicht mit den gleichen Methoden durchgeführt werden können, die für allopathische Arzneimittel gelten, erschwerte die Anerkennung der Homöopathie noch.

Diese Therapieform behandelt nämlich nicht »einen Husten«, sondern einen bestimmten Patienten, der in einem bestimmten Moment eine bestimmte Form von Husten hat. Je nach den spezifischen Merkmalen des Patienten, nach genauer Befragung und Beobachtung seiner Krankheitssymptome wählt der homöopathische Arzt dann unter zahlreichen Mitteln das »Simillimum« aus – je »ähnlicher« es den Beschwerden ist, desto wirksamer kann es helfen. Das bedeutet, daß dieser Arzt dem Patienten viel Zeit widmen, große Sachkenntnis besitzen und sehr differenziert vorgehen muß.

Bei schulmedizinischen Untersuchungen werden dagegen eher die einzelnen Symptome behandelt.

Wissenschaftliche Beweise

Der zunehmenden Anerkennung der Homöopathie – auch von »offizieller« Seite – kommt auch der Fortschritt in der Kenntnis der speziellen Eigenschaften des Wassers zugute. Als im Jahre 1988 Jacques Benveniste erklärte, er habe im Wasser eine Art von »Gedächtnis« feststellen können, wurde zunächst sein Bericht von der britischen Wissenschaftszeitschrift »Nature« mit Begeisterung aufgenommen. Kurz nach der Veröffentlichung sah sich der Autor aber scharfen Angriffen von verschiedenen wissenschaftlichen Seiten ausgesetzt. Seine These zu akzeptieren hätte bedeutet, etliche Grundlagen der heutigen Biochemie einer gründlichen Revision zu unterziehen. Für Benveniste brachen schwierige Zeiten an: Gutachter, Magiere und andere »Spezialisten« im Aufdecken von »wissenschaftlichem Betrug« wurden in sein Labor entsandt. Schließlich wurde er der wissenschaftlichen Täuschung bezichtigt. Sein Labor wurde geschlossen, und er war zunächst jeglicher Mittel beraubt, seine Forschungen fortzusetzen.

Diese Art von wissenschaftlicher Zensur ist kein Einzelfall, aber selten werden die Kritiker so deutlich widerlegt: Benveniste ist inzwischen weitgehend rehabilitiert worden, zum Teil sogar von seinen ehedem vehementen Gegnern wie Michel Schiff, Wissenschaftler am CNRS, dem Staatlichen Französischen Institut für Wissenschaftliche Forschung, der sogar ein Buch über diesen Fall geschrieben hat und eingestehen mußte, daß Benvenistes Ergebnisse richtig waren.

Das Gedächtnis des Wassers als Grundlage der Homöopathie.

Auch viele andere unabhängige Wissenschaftler und Forschungsinstitute haben sich mit dem Phänomen Wasser befaßt und eindeutig festgestellt, daß Wasser tatsächlich, zumindest unter bestimmten Bedingungen, die Fähigkeit besitzt, Informationen aufzunehmen, zu speichern und weiterzugeben. In Deutschland hat zum Beispiel Dr. Wolfgang Ludwig, Begründer des Instituts für Biophysik in Horb, ausgedehnte Untersuchungen an homöopathischen Mitteln durchgeführt. Dabei hat er unter anderem festgestellt, daß einige vor über 150 Jahren noch von Hahnemann selbst hergestellte Mittel immer noch voll und ganz ihre physikalischen Schwingungseigentümlichkeiten aufwiesen und noch hundertprozentig wirksam waren. Weitere Untersuchungen bewiesen, daß die von Hand oder mit einer hydraulischen Pumpe verschüttelten Mittel wesentlich »reinere« Schwingungsinformationen enthielten als solche, die durch den Elektrosmog von elektrisch betriebenen Schüttelgeräten beeinflußt worden waren.

Professor Cyril Smith von der Universität Salford/Manchester hat über 15 Jahre lang Studien an Homöopathie-Patienten durchgeführt. Seine Ergebnisse beweisen eindeutig, daß es sich bei der Wirksamkeit von homöopathischen Mitteln um die Übertragung von energetischen Informationen handelt. Dieser Beweis gelang Professor Smith durch die präzise Messung der Frequenzen, die allen Stoffen und Lebewesen, also auch bestimmten Krankheitserregern zu eigen sind. Beispielsweise reagierte eine Patientin, die auf eine bestimmte Pilzart drastische Allergiereaktionen bis hin zur Ohnmacht zeigte, auf die gleiche Art, wenn sie »nur« mit der gleichen »Pilzschwingung«, von Professor Smith künstlich erzeugt, in Berührung kam. Erst ein speziell zubereitetes homöopathisches Präparat führte zur Heilung der Patientin.

Die Bach-Blütentherapie und das Phänomen Wasser

Der britische Arzt Edward Bach (1886–1936) beschäftigte sich während der Jahre, die er in einem englischen Krankenhaus arbeitete, auch mit homöopathischen Mitteln. Er entwickelte nach dem homöopathischen Prinzip die sogenannten Bach-Nosoden, die auf bakterielle Impfstoffe zurückgehen und auch so ähnlich angewendet wurden.

Doch trotz aller Erfolge, die ihm seitens der akademischen Welt zuteil wurden, war er nicht zufrieden mit seinen Ergebnissen. Aufgrund seiner langjährigen Beobachtungen wurde für ihn immer klarer, daß ein enger Zusammenhang zwischen Gemütszustand und Krankheit bestehen mußte. Die Homöopathie und allgemein die holistische, auf den Menschen in seiner Ganzheit ausgerichtete Medizin trägt diesem Faktor zwar in zunehmendem Maß Rechnung, aber Bach fand in keiner bis dahin bekannten Therapieform den Schlüssel, der ihm über die Seele und das Gemüt des Menschen den Zugang zu seinen körperlichen Gebrechen ermöglichte.

So begann er im Pflanzenreich nach Mitteln zu forschen, die – nach dem homöopathischen Prinzip – menschlichen Charaktereigenschaften und Gemütszuständen ähnelten. In seiner Heimat Wales fand er nach vielen Jahren intensiver Forschung das, was er suchte. Während in der Pflanzenheilkunde (Phytotherapie) verschiedene Teile der Pflanzen verwendet werden, Wurzeln, Rinden, Blätter, Früchte, Knospen und Blüten, gab Bach letzteren eindeutig den Vorzug, weil seiner Meinung nach in den Blüten die »Seele« der Pflanze am stärksten zum Ausdruck kommt.

Blüten für die Seele

Bach-Blütenextrakte werden durch eine von Bach selbst entwickelte Technik gewonnen. Zutaten sind außer den Blüten nur klares Quellwasser und Sonnenlicht. Damit stellen sie etwas Einzigartiges in der Pflanzenheilkunde dar: Kein Erhitzen auf 100 Grad Celsius oder gar Auskochen, kein Auspressen und keine chemischen Lösungsmittel tragen zur Herstellung der Blütenessenzen bei. Allein dem Wasser und dem Licht ist die Aufgabe übertragen, den Blüten das zu entziehen, was zwar chemisch nicht meßbar ist, was aber nach dem Zeugnis von Millionen von begeisterten Patienten auf der ganzen Welt hochwirksam zu sein scheint. Das Gedächtnis des Wassers, sein Vermögen Informationen speichern und weitergeben zu können, kann dieses Phänomen erklären.

Edward Bach fand 37 Pflanzen, die seiner Erfahrung nach die verschiedenen psychischen Grundprobleme der Menschen sehr gut erfassen, und unterteilte sie in »Helfer« und »Heiler«. Bei seinen Patienten hatte er schon seit Jahren einen Zusammenhang zwischen bestimmten körperlichen Erkrankungen und sieben negativen Stimmungszuständen beobachtet: Angst, Interesselosigkeit, Überempfindlichkeit, Mutlosigkeit und Verzweiflung, Unsicherheit, Einsamkeit und schließlich Selbstentfremdung. Die Bach-Blütenessenzen aus den von ihm gefundenen Pflanzen entsprechen in ihrer Wirkung genau diesen Zuständen.

Bach selbst beschrieb die »Charaktereigenschaften« der verschiedenen Blüten ausführlich, wobei jeder Blüte ein Grundcharakterzug entspricht, der jeweils positive wie auch negative Seiten entwickeln kann. Das Blütenmittel soll helfen, die momentan negativ gestimmte Saite der Seele positiv umzustimmen.

Das Gedächtnis des Wassers als Grundlage der Bach-Blütentherapie.

Eine Mischung von vier Blütenessenzen wurde von Bach als »Rescue-Remedy« zusammengestellt – ein Mittel, das man als »Notfalltropfen« immer zur Hand haben sollte, weil es außerordentlich gut in körperlichen und seelischen Streßsituationen wirkt: von einem starken Schreck oder gar Schock bis zu einer Verletzung, von Prüfungsangst bis zur Vorbereitung auf eine Entbindung, von Schlaflosigkeit durch akute Probleme bis zu übermäßiger Nervosität.

Genau wie die homöopathischen Mittel sollten

Blach-Blütenessenzen am besten unter die Zunge getropft werden, und zwar ohne mit Händen, Lippen oder Zähnen in Kontakt zu kommen. Außerdem ist die rhythmische, regelmäßige Einnahme wichtig für die Wirksamkeit (zum Beispiel viermal am Tag vier Tropfen) – eine Eigentümlichkeit, auf die wir bei den Lichtwässern noch zurückkommen werden. Der Zeitraum, über den einzelne Bach-Blütenessenzen oder eine Mischung eingenommen werden sollten, wird in der Regel vom Therapeuten angegeben.

Wer eigenständig Bach-Blüten anwendet (was durchaus erlaubt ist), sollte die Veränderungen in seinen Reaktionen und seinem Verhalten genau beobachten. Bereits nach wenigen Tagen, manchmal sogar Stunden, kann man normalerweise eine positive Veränderung feststellen. Ein »Einnahme-Zyklus« dauert meist einen Monat, selten länger, manchmal kürzer. Im Zweifel sollte man das Mittel noch einige Tage lang weiter einnehmen, nachdem man eine zufriedenstellende Gemütslage wiedergefunden hat.

Außer den von Dr. Edward Bach selbst entdeckten Essenzen gibt es inzwischen zahlreiche andere Blütenmittel. Die bekanntesten stammen aus Kalifornien, Alaska und Australien. Bezüglich der Anwendung teilen sich allerdings die Gemüter: Die einen sind der Auffassung, die von Bach entwickelten Mittel reichten völlig aus, um sämtliche Gebiete der menschlichen Psyche zu erfassen. Andere hingegen meinen, daß die Eigentümlichkeiten der Pflanzen, die in einem völlig anderen Lebensraum gewachsen sind, einige Krankheitsaspekte genauer ansprechen. Jeder mag hierzu seine eigenen Erfahrungen sammeln.

Übrigens sind die Bach-Blüten nicht nur bei Menschen, sondern auch bei Tieren und womöglich sogar bei Pflanzen wirksam. Gute Erfahrungen sind beispielsweise mit »Rescue Remedy« beim Umtopfen, Verpflanzen und Beschneiden von Pflanzen gemacht worden, die dann den »Schock« besser zu überwinden scheinen.

Die Kraft der Lichtwässer

Die Wirksamkeit sowohl der Homöopathie als auch der Bach-Blütentherapie beruht also auf dem Vermögen des Wassers, Informationen zu speichern und an den menschlichen Körper weiterzugeben. Die Anwendung von Lichtwässern hat mit der Homöopathie und der Bach-Blütentherapie die feinstoffliche oder »energetische« Wirkung aufgrund von elektrischen Schwingungserscheinungen gemeinsam.

Im Gegensatz zur Homöopathie und Bach-Blütentherapie, die von Menschen entwickelt wurden und von Menschenhand zubereitet werden, stammen die Lichtwässer aus der Natur. Ein weiterer, grundlegender Unterschied ist, daß Homöopathie und Bach-Blütentherapie von der Materie in Richtung Energie, der energetisch verschlüsselten Mikroinformation, entwickelt wurden (praktisch eine »Verdünnung« von Materie darstellen), während Lichtwässer in umgekehrter Richtung wirken, d. h. sich von Energie zu Materie verdichten. Dieser Ansatz mag manchem noch ein wenig theoretisch vorkommen, wird sich aber im folgenden, vor allem bei der Anwendung der Lichtwässer, gewiß klären.

Das Gedächtnis des Wassers

Manche Forscher scheuen sich noch, im Zusammenhang mit Wasser das Wort Gedächtnis zu benutzen, weil sie fürchten, der wissenschaftlichen Ketzerei bezichtigt zu werden. Aber: Es gäbe kein Leben ohne Gedächtnis von Materie. Ohne Gedächtnis könnte aus einer winzigen Eizelle kein Körper mit hochdifferenzierten Organen entstehen, von denen jedes »weiß«, wie es funktionieren muß, um den ganzen Organismus am Leben zu erhalten. Der Bauplan im Erbmolekül DNS ist nichts anderes als ein Gedächtnis, das von Generation zu Generation, von Zelle zu Zelle weitergegeben wird. Es handelt sich bei undifferenzierten Zellen wie der Eizelle vielmehr um so etwas wie ein Hologramm, d. h. um eine dreidimensionale »Fotografie« oder einen Abdruck des Ganzen, das in der Lage ist, dieses Ganze wieder einwandfrei nachzubilden.

In einer Zeit, in der das menschliche Genom erforscht wird, Aufbau und Funktion unserer Gene immer deutlicher zutage treten, wird deutlich, welche verheerenden Folgen Störungen des Gedächtnisses, des genetischen Bauplans haben können: Stoffwechselstörungen bis hin zu Erbkrankheiten können die Folge sein. Auch das Erbmolekül, die DNS-Spirale, folgt dem Prinzip des Goldenen Schnitts, einem energetisch idealen Bauprinzip (vgl. Seite 39): Wenn ihr harmonischer Energiefluß unterbrochen oder verändert wird, werden unsere grundlegenden, vitalen Rhythmen gestört, und es kommt zu krankhaften Veränderungen. Lichtwässer können durch die Übertragung ihrer Mikroinformation, ihres Gedächtnisses, den Energiefluß in unseren Organen wieder harmonisieren.

Diese besonderen Wässer werden als Lichtwässer oder auch »Weißlichtwässer« bezeichnet, weil sie beim physikalischen Resonanztest auf alle sieben Lichtfrequenzen des Regenbogens »antworten«. Aus dem Physikunterricht in der Schule erinnern Sie sich wahrscheinlich noch daran, daß der Regenbogen aus einer Brechung des Lichts in seine sieben Spektralfarben entsteht, die wir normalerweise gleichzeitig und folglich als weißes Licht wahrnehmen. Und vielleicht haben Sie im Physiklabor auch gesehen, wie ein Prisma das »normale«, weiße Licht in seine sieben Bestandteile, in sein Spektrum zerlegt, während ein anderes, umgekehrtes Prisma sie wieder zu einer einzigen »Farbe«, zu Weiß, zusammenfügen kann. Der Regenbogen entsteht entsprechend, weil sich das Sonnenlicht in den kleinen Wassertröpfchen in der Atmosphäre bricht, die wie ein Prisma wirken und das Licht in seine einzelnen Frequenzen aufspalten.

Lichtwässer »enthalten« die Farbfrequenzen des Regenbogens.

Um Frequenzen und Wellenlängen geht es also bei den Lichtwässern. Seit Einstein wissen wir, daß alles in unserem Universum (zumindest in dem, das wir kennen) Energie ist – Licht, Schall und vieles mehr. Und jede Form von Energie hat spezifische Merkmale, die gemessen und in physikalischen Formeln ausgedrückt werden können. Der Begriff Wellenlänge ist heute vor allem durch die Technik der Radio- und Fernsehübertragung allgemein bekannt. Im umgekehrten mathematischen Verhältnis zur Wellenlänge steht die Frequenz, d.h. die Häufigkeit, mit der sich

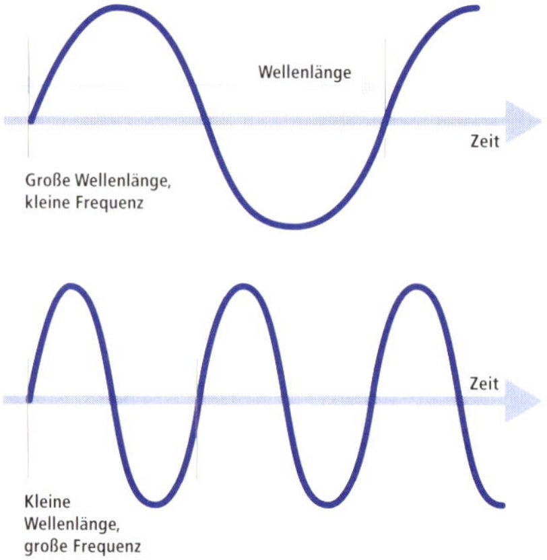

Elektromagnetische Schwingungen von Licht oder allgemein von Energie pflanzen sich in einer Welle fort. Dabei ist die Wellenlänge der Frequenz, also der Wechsel von Wellental und Wellenberg pro Sekunde, umgekehrt proportional: Je größer die Wellenlänge, desto kleiner die Frequenz und umgekehrt.

Wellenberge und -täler einer elektromagnetischen Welle in einem bestimmten Zeitraum abwechseln. Die Einheit der Frequenz wird nach ihrem Entdecker mit Hertz bezeichnet (abgekürzt Hz).

Über elektromagnetische Phänomene und Wellenlängen nachzudenken, ist kein reines Gehirnjogging für Physiker. Jeder von uns ist davon betroffen, denn auch unsere Gewebe und Organe »schwingen«, und zwar jedes mit einer spezifischen Wellenlänge und Frequenz – zumindest solange, wie das Organ oder Gewebe gesund ist. Bei einer Erkrankung kann man deutliche Abweichungen vom ursprünglichen Schwingungsmuster, von der Originalfrequenz feststellen. Und nicht nur das: Die Veränderung der spezifischen Schwingung geht jeder biochemischen, physiologischen und organischen Veränderung bzw. Erkrankung voraus. Mit anderen Worten: Das, was wir letztendlich auf den Röntgenbildern oder bei den Blutbefunden erkennen können, ist eigentlich die letzte Phase der Veränderung, bereits die Erkrankung. Schon einige Zeit vorher läßt sich aber mit geeigneten Meßmethoden eine Veränderung der typischen Schwingungsmerkmale feststellen (vgl. Seite 34f.).

Lichtwässer sind resonant zu Körpergeweben des Menschen

Und genau hier kommen nun die Lichtwässer zum Zuge. Die Tatsache, daß ihre Frequenzen mit denen lebender Gewebe korrespondieren oder genauer gesagt: mit diesen resonant sind, auf der gleichen Schwingungsebene liegen, macht sie therapeutisch hochinteressant. Um dies besser verstehen zu können, ist ein kleiner Ausflug in die Physik notwendig – um die Lichtwässer anzuwenden aber nicht.

Wenn sich zwei Stimmgabeln treffen

Wenn eine Stimmgabel auf ein hohes A gestimmt ist, eine andere auf ein tiefes C, und eine von beiden wird zum Klingen gebracht, dann passiert nichts weiter, als daß diese anfängt zu schwingen und ein Ton erklingt. Wenn aber beide Stimmgabeln auf die gleiche Note gestimmt sind, dann passiert etwas höchst Interessantes: Bringt man nur eine zum Klingen, dann »singt« die andere

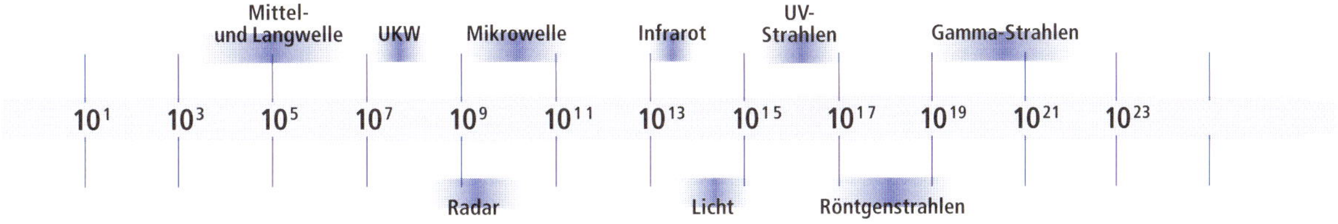

Die elektromagnetischen Wellen bzw. Strahlen im Überblick. Das sichtbare Licht entspricht nur einem kleinen Frequenzbereich um 10^{14} Hertz.

gleichzeitig mit. Und wenn wir eine beliebige Anzahl von Stimmgabeln der gleichen Tonart selbst in einiger Entfernung voneinander aufstellen und nur eine davon berühren, dann erfüllt sich sogleich der Raum mit dieser Note, die von allen Stimmgabeln gleichzeitig »gespielt« wird.

Resonanz bedeutet Übereinstimmung der physikalischen Merkmale einer elektromagnetischen Schwingung.

Dieses Phänomen bezeichnet man als Resonanz. Voraussetzung dafür ist die Übereinstimmung der physikalischen Merkmale oder genauer: die gleiche Wellenlänge, Amplitude (Ausschlag) und Frequenz der Schwingung. Nicht umsonst spricht man deshalb auch von der »gleichen Wellenlänge«, wenn zwei Menschen sich gut verstehen. Wenn beispielsweise ein Saiteninstrument gestimmt wird, dann müssen die Frequenzen und die harmonischen Schwingungen genau übereinstimmen. Dabei ist die Frequenz einer sogenannten Harmonischen ein ganzzahliges Vielfaches einer Grundschwingung (vgl. Seite 32).

Resonanz spielt allerdings nicht nur für Musiker, sondern auch in der Technik eine Rolle: Zum Beispiel werden die Bewegungen einer Waschmaschine auf den Untergrund abgestimmt, damit sie nicht »wandert«. Und auch im praktischen Leben ist die Resonanz von Bedeutung: Muß ein Bataillon Soldaten über eine Brücke marschieren, wird vorher der Befehl erteilt, den einheitlichen Marschrhythmus zu unterbrechen. Der gleichförmige Takt so vieler Füße kann unter Umständen mit der materialeigenen Schwingung der Brückenstruktur in Resonanz treten und in diesem Fall zum Einsturz der Brücke führen.

Der Medizin-Physiker Dr. Wolfgang Ludwig (vgl. Seite 30) erklärt das Phänomen so: »Die Unwucht einer Turbine, d.h. sich regelmäßig wiederholende Abweichungen (einer Bewegung), kann durch die ständige, gleichbleibende Vibration auch das Fundament so stark in die gleiche Schwingung versetzen, daß sich darin Risse bilden. Wenn die gleiche Schwingung noch weiter einwirkt, kann es zur sogenannten Resonanzkatastrophe kommen, d.h. zum Aufbersten und Zerbrechen des Fundaments.

Im Wasser, in der sogenannten nematischen Phase (vgl. Seite 15), in der sich die Wassermoleküle in geordneter Verteilung (als Cluster) befinden, kommt es im Kleinen zu ähnlichen Auswirkungen. Mit anderen Worten: Die Wasserstoffbrückenbindungen werden unter bestimmten Umständen aufgebrochen oder zumindest so stark in Schwingung versetzt, daß eine bleibende Veränderung in der Struktur des Clusters zu verzeichnen ist.«

Resonanz

Wenn Sie eine Schale mit Wasser auf einen Lautsprecher stellen, aus dem Musik ertönt, dann erscheint bald ein regelmäßiges Wellenmuster auf der Wasseroberfläche: Das Wasser ist in Resonanz mit den Schallwellen getreten.

Diese »Resonanzfreudigkeit« des Wassers ist unter anderem eine Erklärung dafür, daß in seiner Gegenwart biochemische Reaktionen eingeleitet und beschleunigt werden. Andere Beispiele sind hinlänglich bekannt: So unterhielt Enrico Caruso häufig seine Gäste damit, daß er ein Kristallglas zum Bersten brachte, indem er das hohe C anstimmte – ebenfalls ein Resonanzphänomen.

Man kann also durch Resonanz, d.h. durch gleiche Wellenlänge und Frequenz, die Wirkung jeder natürlichen Schwingung anregen und verstärken. Dabei kann die Resonanz sowohl aufbauend als auch zerstörend wirken. Dr. Ludwig beschrieb dazu einen Test, bei dem er die Schwingungen von homöopathischen Präparaten genau ermittelte. Er setzte die Präparate dann einem sehr schwachen elektromagnetischen Feld mit einer anderen bestimmten Schwingung aus. Mehrfache Kontrollen bestätigten das unglaubliche Ergebnis: Die zuvor vorhandenen Informationen in den homöopathischen Mitteln waren vollkommen ausgelöscht und durch die Schwingungen des elektrischen Feldes ersetzt worden.

In bezug auf unseren Körper bedeuten diese Erkenntnisse: Wenn unsere Körperschwingungen in Unordnung geraten sind, d.h., wenn ein Organ oder Gewebe nicht mehr auf der »Tonhöhe« oder Frequenz schwingt, die für seinen gesunden Zustand typisch ist, dann können wir ihm helfen, indem wir (einem Souffleur ähnlich) die richtige Frequenz wieder zuführen. In den meisten Fällen »besinnt« sich das Organ oder Gewebe wieder auf seine ursprüngliche, gesunde Wellenlänge und Frequenz. Es kann dann seinen normalen Funktionsrhythmus wieder aufnehmen, ohne daß ihm Substanzen verabreicht wurden, die unerwünschte Nebenwirkungen haben können.

Gestörte Frequenzen von Körpergewebe können mit Lichtwässern wieder auf die gesunde Schwingung eingestellt werden.

Wie kann man Energie messen?

Nicht jede Energie ist mit unseren fünf Sinnen erfaßbar, deshalb nehmen wir sie »auf den ersten Blick« nicht wahr: Wir müssen technische Geräte zu Hilfe nehmen, um uns der Anwesenheit und der spezifischen Eigenschaften einer Energieform bewußt zu werden, oder aber (wie meistens) darauf beschränken, die Auswirkungen der Energie aufzuzeichnen. Elektrischen Strom zum Beispiel können wir weder sehen noch hören noch schmecken oder riechen. Wir sehen nur das Ergebnis, wenn wir eine Lampe oder ein Elektrogerät anschalten. Wieviel Volt (Spannung) und wieviel Ampère (Stromstärke) der Strom hat, der durch die vielen Leitungen in unseren Büros und Wohnungen fließt, können wir nur mittels besonderer Meßgeräte feststellen. Genauso ist es auch mit der Messung der im Wasser enthaltenen, gespeicherten Energie.

Dr. Wolfgang Ludwig beschäftigt sich seit seiner Studienzeit mit Wasser. Er promovierte 1961 mit einer Dissertation über Dipolmeter (Gerät zur Messung der Kräfte in einem elektrischen Dipol wie das Wassermolekül) und den typischen Dipolkonstanten von bestimmten Stoffen, d.h. mit Messungen über die elektrischen Fähigkeiten auch verschiedener anderer Substanzen als Wasser. Dazu entwickelte er ein Gerät, das bedeutend präzisere Messungen ermöglichte. Dabei stellte sich heraus, daß Wasser sich völlig anders verhält als andere Substanzen und eigentlich auch ganz anders, als man normalerweise erwarten sollte. So zeigte sich zum Beispiel, daß Wasser bei Zimmertemperatur eine Dipolkonstante von 81 besitzt, während die von Luft nur 1 beträgt und sehr wenige Stoffe Werte von 4 oder 5 überschreiten.

Lichtwasser-Frequenzen sind auch den Frequenzen der menschlichen Gehirnwellen ähnlich.

Ludwigs medizinische Doktorarbeit an der Universität Freiburg behandelte den Einfluß elektromagnetischer Signale auf das Nervensystem des Menschen. Er hat unter anderem auch die Lichtwässer (von ihm »Marienwässer« genannt) »vermessen« und dabei Ergebnisse erhalten, die sich erstaunlich mit denen deckten, die fast gleichzeitig von anderen Forschern in Mailand mit weiteren Methoden erzielt worden waren. Beispielsweise fiel ihm die Ähnlichkeit der Schwingungen von Wasser aus bestimmten Quellen mit den Frequenzen der menschlichen Gehirnwellen auf (vgl. Lourdes ab Seite 57 und Fatima ab Seite 86).

Lichtwässer sind nun allerdings nicht in unserem Sinne »elektrisch geladen«, d.h. sie bringen keine Glühlampe zum Leuchten. Die energetischen Eigenschaften, die bislang an ihnen gemessen werden, liegen in sehr viel kleineren Größenordnungen, sind aber deswegen nicht minder bedeutsam.

Der Spin

Alle Materie befindet sich in ständiger Bewegung, auch die sogenannte unbelebte Materie wie zum Beispiel ein Felsen. Diese Bewegung ist allerdings nicht mit bloßem Auge und auch nicht mit einem normalen Mikroskop erkennbar. Erst mit hochempfindlicher Technik hat man feststellen können, daß Atome nicht die kleinsten Partikel der Materie sind (wie man lange angenommen hatte), sondern daß sich um den Atomkern kleine Elementarteilchen, vor allem Elektronen, mit rasender Geschwindigkeit bewegen. Bei flüssigen und gasförmigen Stoffen, deren Atome sich ohnehin in Bewegung befinden, ist diese Geschwindigkeit relativ viel größer als bei festen Stoffen.

Die einzelnen Teilchen führen darüber hinaus noch eine Eigendrehung aus. Die Größe dieses Drehimpulses wird mit Spin (englisch für Drehung) bezeichnet. Bei einer Bewegung im Uhrzeigersinn spricht man von Rechtsdreh oder

Rechtsspin, bei einer Drehung gegen den Uhrzeiger von Linksdreh oder Linksspin. Für ein Element oder eine Substanz kann man den Gesamtspin als Summe der Spins seiner einzelnen Teilchen angeben.

Auch die Wasserteilchen sind solchen Drehbewegungen unterworfen. Viele Forscher haben im Wasser sich verändernde Schwingungen mit präzisen Frequenzen gemessen. Einige deuten sie als das Rotieren des Wassermoleküls selbst in eine bestimmte Richtung. Nach einer anderen Theorie der Professoren Giuliano Preparata und Emilio Del Giudice in Mailand rufen die Drehimpulse, die von sogenannten »Kohärenzdomänen« des Wassers (bestehend aus Millionen von Molekülen) stammen, diese Signale hervor.

An allen Körpern oder Substanzen kann das Drehmoment und die Drehrichtung der Rotation gemessen werden – einerlei ob bei Wassermolekülen, Seen oder Planeten. Daß Wassermassen dazu neigen, zu oszillieren, d.h. auch seitlich auszuschwingen, kann man an jedem (natürlichen) Flußverlauf beobachten. Die Theorie von Preparata und Del Giudice geht deshalb von großen Molekülgruppen aus, die für den charakteristischen Spin, die Drehbewegung der Wasserteilchen, verantwortlich sind.

Andere Forscher sind eher der Meinung, daß der Spin auch bei kleineren Bestandteilen einer Substanz feststellbar ist. Professor Lipinski von der Harvard University in Boston/USA und Direktor des Forschungslabors Cambridge in Massachussetts/USA meint, daß die gemessenen Frequenzen vor allem auf die negativ geladenen Elektronen, die »reinste Energieform«, zurückgehen. Denn man nimmt heute nicht mehr an, daß die Elektronen als kleine »Kugeln« um den Atomkern kreisen, sondern eine Form von Schwingungsenergie in Wellenform sind, die biologisch von Bedeutung ist.

In der meisten Materie findet man einen Linksspin, was zu der weitverbreiteten Annahme geführt hat, dies sei der »Normalfall«. Allerdings ist der Normalfall nicht immer der Idealfall. Die Partikel eines Atoms (Neutronen, Protonen, Elektronen etc.), das sich in idealem Gleichgewicht befindet, müßten in der Lage sein, abwechselnd rechts und links zu drehen, um das Atom im Gleichgewicht zu halten – so wie es im All scheinbar funktioniert. Nach physikalischen Beobachtungen können wir beispielsweise im Universum beobachten, daß die Sternbilder (Widder, Stier usw.) einen Linksspin haben, während die Planeten der Sonne einen Rechtsspin zeigen.

Ein Gleichgewicht, d.h. die Ausgewogenheit von »Plus und Minus« oder »Rechts und Links«, treffen wir tatsächlich an Orten, die noch weitgehend verschont geblieben sind von negativen Umwelteinflüssen, nicht zuletzt von elektromagnetischer Strahlungsbelastung durch die Technik des Menschen.

Gleichgewicht entsteht durch die gleichmäßige Verteilung von Rechts- und Linksbewegung.

Nach derzeitig vorherrschender Meinung der

Wissenschaft ist der häufiger festzustellende Linksspin abhängig vom Einfluß des elektrischen Stroms: Je stärker die »Verseuchung«, der Elektrosmog oder andere Formen, desto stärker auch das Auftreten des Linksspins. Mit anderen Worten: Der Grad der Linksdrehung ist ein deutliches Anzeichen für das Ungleichgewicht eines Ortes, eines Stoffes oder Körpers. Lichtwässer dagegen besitzen alle den offenbar seltenen Rechtsspin und könnten demnach logischerweise die »ungesunden« Linksdrehungen ausgleichen.

Die harmonische Schwingung

Eine elektromagnetische Schwingung setzt sich aus einer Grundschwingung und ihren harmonischen Schwingungen zusammen.

Eine noch weitergehende Messung, die Aufschluß über die Art eines Ungleichgewichts, einer Erkrankung gibt, ist die der sogenannten Harmonischen. Zur Verdeutlichung nehmen wir wieder die Musik zu Hilfe: Auf der Tastatur des Klaviers befinden sich mehrere Cs. Alle haben sie die gleiche Grundschwingung, aber sie liegen jeweils um eine oder mehrere Oktaven höher oder tiefer. Wenn man ein tiefes C anschlägt, dann schwingen und ertönen auch alle anderen Cs, die darüber liegenden Oktaven und die darunterliegenden. Wenn man ein hohes und ein tiefes C gleichzeitig anschlägt, erhält man einen Gleichklang, eine harmonische Mischung gleicher Töne auf verschiedenen »Stimmlagen«. Außerdem nimmt unser Ohr wahr, ob die Klaviertasten jeweils stark, mäßig oder nur schwach angeschlagen werden, denn die Tonintensität variiert dementsprechend.

Die gleichen Regeln sind auch auf die elektromagnetischen Schwingungsphänomene in festen oder flüssigen Körpern anwendbar, die ebenfalls eine charakteristische Grundschwingung und ihre Harmonischen zeigen.

Der Mathematiker und Physiker Howard Witten, Professor an der Universität Princeton, vergleicht das Universum mit einem riesigen Musikinstrument, in dem die Saiten in verschiedenen Harmonischen schwingen, und berechnete neun physikalische Dimensionen (außer der Zeit). Diese Theorie deckt sich mit den Messungen von Dr. Ciccolo, die in den Lichtwässern ebenfalls neun grundlegende Schwingungsebenen und entsprechende Harmonische feststellen konnte. Diese können mit bestimmten Beschwerden und Krankheiten in Verbindung gebracht werden (vgl. Seite 50). Bei der Beschreibung der einzelnen Lichtwässer sind jeweils die typischen Schwingungsebenen mit ihren Harmonischen angegeben.

Die Frequenz

»Alles schwingt« könnte man das antike *panta rei* (griech. wörtlich: »Alles fließt«) im Sinne der modernen Atomphysik übersetzen. Jedem Stoff ist eine spezifische Schwingung zu eigen, die gemessen und als Frequenz (Hertz, Hz) bzw. Wellenlänge (Nanometer, nm) angegeben werden kann (vgl. Seite 27f.).

Die sieben natürlichen Frequenzen der Lichtwässer kann man mit den sieben musikalischen Grundnoten vergleichen. Alles, was darüber oder darunter liegt, ist lediglich eine Variante dieser Noten in anderen Harmonischen.

Weißes Licht bricht sich in sieben Grundfarben. Alle anderen Farben und Nuancen sind eine Mischung aus diesen. So wie es »saubere« oder »klare«, harmonische Farben oder Töne gibt, treten andererseits »gestörte« oder »unklare«, unharmonische Mischungen von Schwingungen auf. Harmonie ist nicht nur physikalisch erstrebenswert, sondern auch gleichbedeutend mit Gesundheit und Wohlbefinden, während Disharmonie ein Ausdruck von Unausgewogenheit und Krankheit ist. Jedem Organ und Gewebe unseres Körpers ist eine natürliche, gesunde Schwingungsfrequenz zu eigen. Diese Frequenzen umfassen vor allem sieben Frequenzbereiche (A-G) zwischen 2 und 160 Hz, die bei den einzelnen Lichtwässern in unterschiedlicher Ausprägung vorkommen (vgl. Seite 50).

Die Energieart

Nicht nur Wasser oder andere Flüssigkeiten, sondern auch Energie pflanzt sich wellenförmig fort. Es gibt verschiedene Energieformen, von denen vor allem drei im Zusammenhang mit den Lichtwässern eine Rolle spielen: elektrische, magnetische und polarisierte Energie. Bei jedem Lichtwasser herrscht eine dieser Energiearten vor (vgl. Seite 47ff.).

Der elektrische Strom durchfließt Leitungen oder Geräte, die ein elektromagnetisches Feld erzeugen und von diesem umgeben sind. Diese Felder, denen wir täglich ausgesetzt sind, überlagern meist die Wirkung der im Kosmos »üblichen«, gebündelten Energie, der polarisierten Energie, die sich nur in einer Schwingungsrichtung fortbewegt. Die polarisierte Energie gilt als der Ursprung, die gebündelte Matrix der elektrischen und der magnetischen Energie, die sich gleichzeitig in verschiedenen Richtungen fortbewegen.

Lichtwässer unterscheiden sich durch das Vorherrschen bestimmter Schwingungstypen und Energiearten.

Die Energie der Lichtwässer

Die moderne Technik hat in den vergangenen Jahren enorme Fortschritte gemacht. Immer feinere Methoden und empfindlichere Geräte wurden entwickelt, um die verschiedensten Phänomene der Natur registrieren zu können. Noch vor wenigen Jahrzehnten hatte man zum Beispiel nur eine vage Vorstellung von Atomphysik, von Mikrobiologie usw., allein weil die geeigneten Meßinstrumente fehlten. Heute dagegen untersucht man mit Hilfe von Ultraschallwellen, infrarotem oder ultraviolettem Licht, Laserstrahlen, Gasmolekülen oder gar beschleunigten Elektronen Strukturen in Größenordnungen, die bis in Bereiche von Millionstel Millimeter vordringen und minimale elektrische Erscheinungen nachweisen können – auch in verschiedenen Lichtwässern. Doch trotz dieser Fortschritte befinden wir uns wahrscheinlich gerade erst am Anfang einer Epoche, in der noch um ein Vielfaches mehr über die Zusammenhänge unserer Welt aufgedeckt werden wird, von dem wir heute nicht einmal etwas ahnen.

Lichtwässer sind reproduzierbar.

Professor Angelo De Giglio von der Abteilung Chemie der Universität Bari hatte mehrfach Gelegenheit, die außerordentlichen Wirkungen der Lichtwässer auf Mensch und Umwelt zu beobachten und in seinem Labor zu untersuchen. Ausgangspunkt seiner Forschung ist die Tatsache, daß Lichtwässer reproduzierbar, d.h. zu »vermehren« sind: Einige Tropfen eines Lichtwassers reichen aus, um eine wesentlich größere Menge sauberen Trinkwassers – und auch Organgewebe – in gleicher Weise zu »informieren«. Ähnlich wie man Joghurtkulturen oder einen Kefirpilz über Generationen hinweg am Leben erhalten kann, lassen sich die Lichtwässer »fortpflanzen«.

De Giglio beschreibt das so: »Als Forscher bin ich fasziniert von einer Eigenschaft dieser Wässer, nämlich der, unter bestimmten Bedingungen unendlich reproduzierbar zu sein. Zur Zeit haben wir noch keine Erklärung für die bedeutsamen und weitreichenden chemischen und biochemischen Veränderungen gefunden, die diese Wässer erzielen. Eine mögliche Hypothese ist die, daß diese Wässer in der Lage sind, nukleare Transmutationen, d.h. Verwandlungen von einem chemischen Element zum anderen, zu erzeugen. Solche Transmutationen sind technisch heute nur möglich durch Beschuß einiger Atome mit enormen Energiemengen (z.B. in Teilchenbeschleunigern).«

Doch es gibt tatsächlich Forschungsergebnisse des berühmten französischen Chemikers C. Louis Kervran an der Universität Paris, die belegen, daß Transmutationen auch im Innern lebender Organismen mit nur sehr geringem Energieaustausch vor sich gehen können. Bei Untersuchungen mit einem Infrarot-Fotospektrometer entdeckte De Giglio, daß normale Wässer (Leitungswasser, Flußwasser, Mineralwasser usw.) das gleiche lineare Spektrum des Wassermoleküls aufweisen, während Lichtwässer sehr unterschiedliche Spektren zeigten.

Technische Spezialisten waren nicht in der Lage, stichhaltige Erklärungen für dieses einzigartige Verhalten zu liefern. Eine ihrer Hypothesen geht davon aus, daß Lichtwässer innerhalb von bestimmten Spektralbereichen elektrische »Störungen« hervorrufen können. Doch warum zeigt jedes Lichtwasser ein deutlich anderes Schwingungsspektrum? Möglicherweise treten sie in Resonanz zu der infraroten Lichtquelle des Fotospektrometers, das die verschiedenen Frequenzen erzeugt.

Fasziniert von diesen schwer zu deutenden Ergebnissen hat De Giglio eine Reihe von weiteren Tests auf die nuklearmagnetische Resonanz, das ultraviolette Spektrum, die Oberflächenspannung, und die Reaktion auf polarisiertes Licht durchgeführt. Dabei stellte sich heraus, daß offenbar alle eingesetzten Testgeräte ein elektromagnetisches Feld abstrahlen, das mit den Lichtwässern in Wechselwirkung tritt und das Erscheinungsbild ihrer Reaktionen unleserlich macht. Damit sind diese Geräte zur Untersuchung von Lichtwässern also unbrauchbar und offensichtlich außerdem wahrscheinlich nicht sensibel genug, um deren minimale, »feine« Energiefelder zu messen.

Doch De Giglio führt die Forschung in diesem Bereich fort mit der Hoffnung, geeignete Methoden zu finden, um die Eigenschaften der Lichtwässer zu entschlüsseln. Möglicherweise ergeben sich im Labor noch weitere Probleme, weil sich Lichtwasser anscheinend in der Natur anders verhält als im Labor. Zumindest ist es nicht leicht, die natürlichen Gegebenheiten im Labor zu reproduzieren. Viktor Schauberger ist es zwar gelungen, die natürliche Wirbelbewegung des Wassers zu reproduzieren (vgl. Abbildung Seite 12 links), aber solange man die natürlichen (kosmischen) Rhythmen nicht in die Untersuchungen einbezieht, denen Wasser außerhalb des menschlichen Einflusses folgt, wird man wahrscheinlich nur Teilresultate erzielen können.

Die Wirkung der Lichtwässer auf den Körper

Rein chemisch betrachtet, also abgesehen von ihrer energetischen Mikroinformation, unterscheiden sich Lichtwässer in keiner Weise von anderen Wässern. Die Unterschiede in pH-Wert und dem elektrischen Widerstand sind bei manchen Lichtwässern ausgeprägter als bei anderen, aber ebenfalls nicht generell aussagekräftig.

Interessantere Ergebnisse erhält man allerdings, wenn man ihre Wirkung auf organische Strukturen untersucht. Die Veränderung, die in einem bestimmten Zeitraum an mit Lichtwässern behandelten Organismen (Pflanzen, Tieren, Menschen), Nahrungsmitteln und organischen Substanzen aus der Umwelt zu beobachten ist, erscheint allerdings verblüffend. So unterstützen Lichtwässer zum Beispiel die Hefegärung. Mit Lichtwasser angerührtes und mit Hefe versetztes Mehl geht außerordentlich gut auf, und die enthaltene Hefe überlebt auch bei sehr hohen Temperaturen noch. Dadurch bleibt sie in Teilen noch lebend im fertigen Brot erhalten und kann somit weiterhin bakterienhemmend wirken.

Menschen, Tiere und Pflanzen reagieren auf die Mikroinformation der Lichtwässer.

Ein äußerst präzises Meßinstrument für die Eigenschaften der Lichtwässer ist auch der Mensch. Dies mag Skeptiker mißtrauisch aufhorchen lassen und manchen nachdenklich stimmen, weil im allgemeinen nur etwas für objektiv belegt und wissenschaftlich gehalten wird, wenn man es am Anzeiger eines Geräts ablesen kann. Die menschliche Beobachtungsgabe allein wird von vielen als unzuverlässig und subjektiv abgelehnt.

Aber auch wenn wir nicht alle Kräfte und Wirkungen bewußt wahrnehmen und »messen« können, verfügt der menschliche Organismus doch über »Instrumente«, die empfindlicher und genauer sind als selbst die modernsten technischen Geräte. Und vor allem: Bei exakter Anwendung der Meßmethodik erhält man durchaus repräsentative Resultate.

In seinem genetischen Gedächtnis (der DNS) trägt der Mensch die »Erinnerung« an die Eigenschaften vieler seiner Vorfahren – auch nichtmenschlicher – mit sich. Folglich »erkennt« der menschliche Körper auch Signale, die ehedem für andere Entwicklungsstufen relevant waren. Dies geschieht normalerweise auf unbewußter Ebene, kann aber durch eine besondere Meßtechnik nachgewiesen werden: Die Signale, die der Körper »unbemerkt« empfängt, führen zu meßbaren körperlichen Reaktionen.

Dabei wird eine besondere Art der Pulsmessung des Radialispuls vorgenommen, die von Dr. Paul Nogier, dem Begründer der Aurikolotherapie in Lyon, entwickelt wurde (vgl. Seite 37). Mittels der Verfeinerung der Technik durch die Mailänder Biologin Dr. Enza Ciccolo war auch die präzise Erforschung der Lichtwässer und ihrer Wirkung auf den menschlichen Körper möglich geworden. Die Pulssignale in Reaktion auf die Anwendung von Lichtwässern können nun auch von speziellen Ultraschallgeräten registriert werden.

Die Entdeckung der Lichtwässer

Die Entdeckung der Lichtwässer ist der Mailänder Biologin Dr. Enza Ciccolo zu verdanken. Die vielen Ereignisse, die zum Auffinden, zur Überprüfung und Anwendung der verschiedenen Lichtwässer führten, erinnern in mancher Hinsicht an eine unendliche Geschichte – eine Entdeckung führte beinahe zwangsläufig zur nächsten. Deshalb kann man sich des Eindrucks nicht erwehren, erst am Anfang einer bedeutenden wissenschaftlichen Wende – unter anderem auch bei der Behandlung von Krankheiten – zu stehen.

Die Biologin Enza Ciccolo ist eine Wissenschaftlerin, die mit den prestigereichsten Forschungsinstituten Italiens (Universität Pisa, Institut Mario Negri) zusammengearbeitet hat. Wie viele Forscher vor ihr und mit ihr war sie auf der Suche nach dem Ursprung des Lebens und nach den tieferen Ursachen von Krankheit und Gesundheit, von Harmonie und Disharmonie. Nach ihrer Doktorarbeit setzte sie ihre Studien unter anderem sieben Jahre lang in Kursen von Dr. Paul Nogier in Lyon fort, um seine Aurikulotherapie kennenzulernen.

Diese Diagnose- und Behandlungstechnik ist

eine Art Ohrakupunktur, bei der ein empfindlicher Sensor, ein »Stift«, dem Ohr genähert wird. Nach Nogiers Konzept stehen bestimmte Areale der Ohrmuschel in Beziehung mit bestimmten Organen und Bereichen des gesamten Körpers. Auf der Grundlage von Reaktionen des Pulses und der Veränderung des elektrischen Widerstands der Haut nach der Reizung bestimmter Punkte an der Ohrmuschel entwickelt Nogier ein individuelles Behandlungskonzept für seine Patienten.

Enza Ciccolo verfeinerte und ergänzte diese Technik, um sie über den Menschen hinaus auch auf Pflanzen und Tiere anwendbar zu machen. So war sie Anfang der achtziger Jahre mit verschiedenen Meßgeräten – Frequenzmessern, Mikrolaser und Infrarotmessern – unterwegs und untersuchte damit so ungefähr alles, was ihr begegnete. Vor allem die energetischen Aspekte verschiedenster Strukturen, die von den fünf menschlichen Hauptsinnesorganen nicht ohne technische Hilfe erfaßt werden können, überprüfte die Wissenschaftlerin. Dabei stieß sie auch auf Phänomene, nach denen sie ursprünglich gar nicht gesucht und die sie daher auch nicht erwartet hatte.

■ *In Lourdes*

Im Sommer 1984 verbrachte Enza Ciccolo mit ihrer Familie einen Urlaub mit dem Wohnwagen in Südfrankreich. Als sie eines Tages wie üblich ihre Instrumente einsetzen wollte, bemerkte sie mit Entsetzen, daß diese anscheinend nicht mehr funktionierten. Einige Stunden später versuchte sie es erneut, und die Geräte waren wieder voll funktionstüchtig. Am nächsten Morgen dagegen zeigten sie wiederum keine Reaktion, am späten Abend reagierten sie normal.

Die Energie der Lichtwässer ist meßbar.

Enza Ciccolo entdeckte schließlich, daß die Geräte gar nicht kaputt waren, sondern daß lediglich die Meßwerte tagsüber weit oberhalb der Skala lagen, die von den Apparaten erfaßt werden konnten, und abends offensichtlich wieder »normal« wurden.

Nun häuften sich natürlich die Fragen: Gab es an diesem Ort eine Energieform, die tagsüber so stark zunahm, daß die Meßinstrumente überfordert waren? Wo war diese Energie enthalten, im Boden, in der Luft, in bestimmten Strukturen oder am gesamten Ort? Konnte dieses Phänomen womöglich damit zusammenhängen, daß sich die Forscherin ganz in der Nähe von Lourdes, dem weltberühmten Wallfahrtsort, befand?

Enza Ciccolo begab sich sofort ins nahegelegene Lourdes, um auch dort ihre Messungen durchzuführen. In dem traditionsreichen Wallfahrtsort erwartete sie gleich mehr als eine Überraschung: Was ihr zunächst den Atem verschlug, war die Tatsache, daß Menschen mit allen möglichen Krankheiten, auch Hautkrankheiten, in das gleiche Becken eintauchten, also im selben stehenden und übrigens nicht besonders sauber aussehenden Wasser badeten. Wieso war das nicht verboten? Kamen denn die Leute nicht zusätzlich zu ihrem Leiden mit allen möglichen ansteckenden Krankheiten nach Hause zurück?

Offenbar war das Gegenteil der Fall. Man sagte ihr, daß alljährlich Zehntausende von Pilgern dort eintreffen und viele von ihnen geheilt würden – und zwar nicht nur psychisch, was sich ja leicht durch die Kraft des Glaubens erklären ließe, sondern auch von ihren oft schweren körperlichen Leiden. Ein strenges Komitee von Ärzten, Anwälten und Geistlichen untersucht jährlich Hunderte von Heilungen, die medizinisch als »Spontanheilungen« nur durch ein »Wunder« erklärt werden können.

Das erste Lichtwasser kommt aus Lourdes.

Enza Ciccolo untersuchte daraufhin das Lourdes-Wasser des Beckens und der Grotte, wo es allerdings klar und rein entspringt, und nahm auch Proben davon mit, um sie zusätzlich im Labor mit eigens von ihr entwickelten Methoden zu überprüfen. Außerdem entnahm sie Proben aus dem Boden und von Felsstücken an verschiedenen Stellen um den heiligen Ort. Nach katholischer Tradition soll hier im vorigen Jahrhundert die Jungfrau Maria einem Mädchen namens Bernadette in der Grotte erschienen sein (vgl. Seite 44).

Ciccolos Untersuchungen zeigten, daß das Wasser wie der Boden in der unmittelbaren Umgebung, der mit Quellwasser durchtränkt war, auf den Resonanztest »antworteten« – und zwar mit Frequenzen der lebenden Gewebe, allerdings auf höheren Schwingungsebenen. Alle typischen sieben Frequenzen des Lichts, die den Farben des Regenbogens entsprechen, waren vorhanden, also ungewöhnlicherweise das gesamte Lichtspektrum. War das womöglich die Erklärung dafür, daß sich die Menschen im Lourdesbecken nicht mit anderen Krankheiten ansteckten?

Die Biologin ließ daraufhin in verschiedenen unabhängigen Universitätslabors wie dem Institut für Hydrologie der Universität Mailand verschiedene Tests durchführen, die die besonderen Eigenschaften des Lourdes-Wassers bestätigten. Weitere Tests ergaben, daß sich die Bakterien und andere Mikroorganismen im Lourdes-Wasser tatsächlich anders verhalten als in »normalem« Wasser. Offenbar hatten die Mikroorganismen ihre Aggressivität verloren und waren »harmlos« geworden.

Darüber hinaus wurde ebenfalls festgestellt, daß sich dieses Wasser unter bestimmten Bedingungen »vermehren« läßt, und zwar uneingeschränkt über viele »Generationen« hinweg.

■ Der Goldene Schnitt

Noch auf ihrer ersten Entdeckungsreise und bei einigen nachfolgenden Gelegenheiten versuchte Enza Ciccolo zu verstehen, was vom energetischen, physikalischen Gesichtspunkt aus Lourdes so eigentümlich machte. Dabei stieß sie auf zahlreiche weitere Besonderheiten, die wiederum zu neuen Überlegungen, Versuchen und Thesen führten: Zum Beispiel entdeckte sie, daß diese ganz besondere und extrem starke Energie in und um die Strukturen des Ortes nicht etwa eine vage »Wolke«, ein unförmiges Etwas ist, sondern ein Energiefeld mit einer präzisen geometrischen Form. Das Verhältnis der Längenmaße und die Winkelmaße entsprechen dem sogenannten Goldenen Schnitt, den bereits die Griechen vor Jahrtausenden unter anderem für den Bau von Tempeln und Statuen kannten, deren atemberaubende Harmonie uns oft heute noch fasziniert.

Das Energiefeld in Lourdes erscheint in einer Pyramidenform. Allerdings hat diese keine quadratische Basis, sondern eine rhomboide (Rauten-)Form. Interessanterweise hat von den 86 altägyptischen Pharaonengräbern nur eine einzige eine Rhomboidbasis: die sogenannte Rote Pyramide (ca. 2600 v. Chr.) in Dahshur, 30 km südlich von Kairo, die erst im Juli 1996 der Öffentlichkeit zugänglich gemacht wurde, weil sie sich auf einem bis dahin militärischen Gebiet befand. Sie ist die zweitgrößte ägyptische Pyramide überhaupt, älter als alle Pyramiden mit quadratischer Basis und die erste Pyramide mit glatten Seiten.

Die frühen Ägypter nutzten die Tatsache, daß sich im Inneren von Pyramiden abhängig von ihrer Ausrichtung starke Magnetfelder aufbauen, zur Konservierung der bestatteten Pharaonen. Erst vor wenigen Jahren konnten wissenschaftliche Versuche aufgrund von astrophysikalischen Berechnungen nachweisen, daß die ägyptischen Pyramiden genau so ausgerichtet sind, daß mit Hilfe der einfallenden kosmischen Strahlung das organische Material in ihrem Zentrum nicht verweste, sondern eintrocknete, mumifizierte. Die quadratische Form der meisten Pyramiden Ägyptens führt dabei zu einer »Sammlung« von Energie, während die rhomboide Form der Basis zu einer »Verbreitung« der Energie führt.

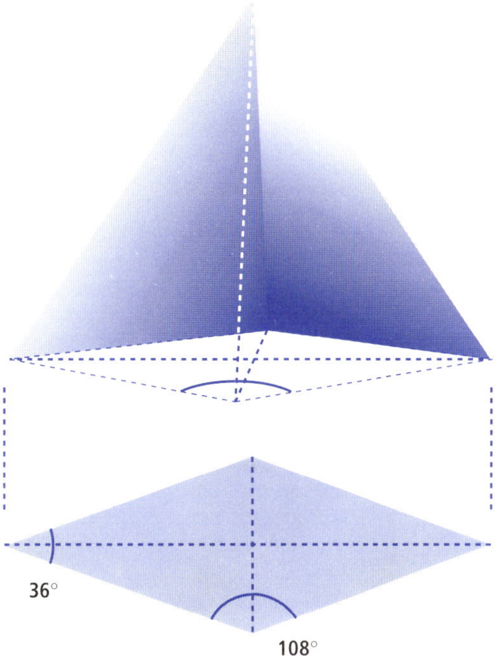

Der Goldene Schnitt: Die rhomboide Basis dieser schematischen Pyramide in Verbindung mit den idealen Verhältnissen von Seitenlängen und Winkeln hat einer Verbreitung der im Inneren »eingefangenen« kosmischen Energie zur Folge.

Auch der renommierte italienische Hersteller von Designer-Haushaltswaren und Einrichtungsgegenständen, Alessi, hat die energetisch wirksame Gestaltungsform der Pyramide in sein

Auch die Alessi-Pyramide mit einer rhomboiden Grundfläche folgt dem Goldenen Schnitt: Die innerhalb der Pyramide in Bewegung gesetzten Kräfte führen zur gleichmäßigen Entfaltung der Lichtwässer und der ätherischen Öle.

Programm aufgenommen. Alessi vertreibt eine Messingpyramide mit fünf Tonbehältern inklusive des Zubehörs in Form von ätherischen Ölen, fünf Lichtwässern und einem Kompaß zur präzisen Ausrichtung der Pyramide in Nord-Süd-Richtung.

Die Proportionen dieser Pyramide entsprechen ebenfalls dem Goldenen Schnitt, aufgrund dessen sich innerhalb der Konstruktion kosmische Energie bündeln und verteilen läßt. Durch diese Energie und mit Hilfe des Lichtwassers als Überträgerstoff wird der Duft des ätherischen Öls im Raum verteilt, Wasser und Öl können ihre harmonisierende Wirkung entfalten.

Ist das Phänomen Lourdes einmalig?

Das war natürlich eine der vielen Fragen, die Enza Ciccolo sich von Anfang an stellte. Lourdes war sicherlich etwas Besonderes, aber möglicherweise gab es noch mehr solcher Orte. So begann die Biologin, nach weiteren Wallfahrtsorten zu forschen, an denen laut Angaben der Gläubigen Wunderheilungen stattfanden. Innerhalb relativ kurzer Zeit brachten ihr Bekannte und Freunde, aber auch ihr bis dahin völlig unbekannte Menschen Hunderte von Wasserproben von heiligen Orten aus aller Welt.

Einige davon »antworteten« positiv auf Ciccolos Resonanztest, sie »enthielten« bestimmte Lichtfrequenzen. Einige wenige waren, genau wie das Lourdes-Wasser, resonant mit allen sieben Lichtfrequenzen, andere nur auf eine oder zwei Frequenzen. Bei den Tests stellte sich unter anderem heraus, daß nur die Wässer, die auf das gesamte Lichtspektrum resonant sind, auch reproduzierbar, zu »vermehren« sind. Viele Wässer zeigen deutlich therapeutische Aspekte »vor Ort«, d.h. dort, wo sie entspringen, sind aber in der Anwendung dadurch eingeschränkt, daß man sie nicht beliebig »vermehren« kann.

Als Lichtwasser sind demnach nur solche zu bezeichnen, die auf alle sieben Frequenzen des Lichtspektrums resonant sind (die sieben Spektralfarben ergeben zusammen die »Farbe« Weiß, daher auch »Weißlichtwasser« genannt). Ihre Reaktion auf spezielle Tests unterscheidet sie deutlich von anderen Wässern.

Lichtwässer und andere Wässer

Man sollte Lichtwasser deutlich unterscheiden von anderen Wasserarten, insbesondere von solchen, denen ebenfalls eine therapeutische Wirksamkeit zugeschrieben wird. Einige Beispiele:

- Von Menschen **»beeinflußte« Wässer**: Pranotherapeuten (Handlaufleger) haben zum Beispiel festgestellt, daß sie etwas von ihrem (bisher noch wenig erforschten) »Fluidum« auf Wasser (und womöglich andere Flüssigkeiten) übertragen können, indem sie ihre Hände in einem gewissen Abstand über das Gefäß halten. Desgleichen geben Gebetsgruppen an, daß nach bestimmten religiösen Feiern oder Gebeten das Wasser in ihrem Kreis »informiert« worden sei.

Bei solchen Wässern ist Vorsicht geboten. In der Regel sind sie allenfalls nur vorübergehend »informiert«, enthalten nur eine oder zwei Frequenzen und sind nicht reproduzierbar. Dadurch unterscheiden sie sich deutlich von den echten Lichtwässern.

- Auch manche Formen von sogenannten **»Heiligen Wässern«**, wie sie zum Beispiel aus Amerika vielerorts verbreitet werden, sind zweifelhaft, wenn es sich dabei um Mischungen von Wässern verschiedener, nicht kontrollierbarer Herkunft handelt, die zudem noch verschiedenen »Behandlungen« unterzogen wurden.
- **»Technische Wässer«** oder gemischte Formen: Es gibt die verschiedensten Geräte, um Wasser von unerwünschten Rückständen zu befreien. Dabei kann es sich um mechanische Filter handeln, die die gröberen Anteile wie Sand herausfiltern; Filter, die über ein Konzentrationsgefälle (Umkehrosmose) wirken, das das Wasser durch so feine Filter preßt, daß es an »Reinheit« fast mit destilliertem Wasser vergleichbar ist (was nicht unbedingt gleichbedeutend mit »gesund« ist); oder eine elektrische Trennung (Elektrolyse) verhältnismäßig »schwerer« Stoffe wie toxische Metalle, während wichtige Mineralsalze wie Kalzium und Magnesium den Filter ungehindert passieren. Auch hierbei ist im Einzelfall zu bewerten, ob die Prozedur das Wasser »streßt« oder nicht, was unter anderem ausschlaggebend für die Reproduzierbarkeit und auch die Heilwirkung der Lichtwässer ist (vgl. Seite 87ff.).

Lichtwässer kann man nicht herstellen.

Echte Lichtwässer enthalten alle Frequenzen, die im Sonnenlicht vorhanden sind. »Technische« Wässer, die z. B. in dunklen, stillgelegten Bergwerken gezapft und inzwischen auch als Lichtwässer bezeichnet werden, sind deshalb von den echten

Lichtwässern zu unterscheiden. Die Wirkung der »technischen« Wässer ist äußerst zweifelhaft.

■ Seit Anfang der sechziger Jahre hört man immer wieder von **»strukturiertem« Wasser**, das in bestimmten Behältern aufgehoben wird, das verwirbelt, verschüttelt, magnetisiert, beschallt, bestrahlt und/oder bestimmten Farbfrequenzen ausgesetzt wird. Daraus ist mancherorts ein Geschäft geworden, das die »Belebung« des Wassers anpreist und verschiedene Heilwirkungen hervorhebt.

Der Körper kann sich die Mikroinformation der Lichtwässer nach Bedarf zunutze machen.

Man setzt Wasser beispielsweise einem künstlichen elektromagnetischen Feld aus (wie beim Grander-Wasser), das unter Umständen so stark sein kann, daß es im Wasser permanent bleibt und auf die Umgebung (Wasser, Stoffe oder Körper) »abstrahlt«. Bei einem von Natur aus so wandlungsfähigen Stoff wie Wasser muß eine solche geradezu gewalttätige, nicht mehr zu löschende Veränderung zumindest skeptisch stimmen.

Ein stark elektromagnetisches (und zudem unspezifisches) Wasser kann wohl eine kurze »aufputschende« Wirkung haben wie etwa ein starker Kaffee oder eine Droge. Auf Dauer können durch diese »vorgetäuschte« Wirksamkeit aber andere, größere Probleme auftauchen.

■ **Lichtwässer** zeichnen sich dadurch aus, daß sie nie gewaltsam eine Information aufdrängen. Sie bieten vielmehr, in Form ihrer Mikroinformationen, eine Heilmöglichkeit an, die der Patient oder der Organismus annehmen oder auch ignorieren kann. Die Heilung erfolgt durch die Wiederherstellung der natürlichen Schwingungen.

■ *Was hat das mit Religion zu tun?*

Seit der ersten Entdeckung eines Lichtwassers 1984 in Lourdes sind sehr viele weitere Lichtwässer gefunden worden. Ein großer Teil dieser Wässer stammt von mehr oder weniger bekannten Wallfahrtsorten. Dies läßt natürlich die Frage aufkommen, ob man an das Phänomen der Erscheinungen glauben muß, um eine Heilwirkung zu erreichen – was einem Plazebo-Effekt gleichkäme. Bei den erwiesenen Wirkungen der Lichtwässer kann es sich allerdings nicht um einen Plazebo-Effekt handeln, weil sich ihre Wirksamkeit beispielsweise auch auf die Tier- und Pflanzenwelt erstreckt, die bei den zugrundeliegenden Beobachtungen in keiner Weise durch das menschliche Bewußtsein beeinflußt werden konnten.

Die Tatsache, daß viele Lichtwässer an »Erscheinungsorten« gefunden wurden, muß im übrigen nicht bedeuten, daß sie zwangsläufig nur an solchen bekannten Stellen vorkommen. Vermutlich gibt es überall auf der Erde Quellen von Lichtwässern, die bisher nur noch nicht daraufhin untersucht wurden, ob ihr Wasser mit Frequenzen des Lichtspektrums resonant ist.

Der Einfluß, den ein Glaube auf die Gesundheit und Heilungsprozesse haben kann, soll damit nicht in Abrede gestellt werden. Allerdings kann man grundsätzlich davon ausgehen, daß Lichtwässer eine heilsame Wirkung haben, ohne daß damit eine bestimmte religiöse Vorstellung verknüpft sein müßte.

Dennoch gibt es Hinweise, daß es sich bei der Energie von Orten wie Lourdes nicht um rein »materielle« Energie handelt. So hat zum Beispiel Professor Boguslaw Lipinski von der Harvard-Universität im März 1985 in Medjugorje (Bosnien) an fünf aufeinanderfolgenden Tagen, aber nur zu bestimmten Zeitpunkten ungewöhnlich hohe Energiewerte von energiereichen, ionisierenden Strahlungen gemessen. Das von ihm benutzte Gerät aus Kanada war ursprünglich konstruiert worden, um Luftionisierung und nukleare Strahlungen zu messen. Seine Skala für die aufgenommene Energiemenge reicht von 0 bis 1000 Rad pro Stunde. Normalerweise mißt man Werte zwischen 0 und 15 Millirad pro Stunde.

In Medjugorje (vgl. Seite 45) fand der Wissenschaftler nun an bestimmten Stellen und zu bestimmten Zeiten eine Energiemenge von Werten bis zu 100 000 Millirad (= 100 Rad) pro Stunde. Diese intensive Strahlung ging aber offensichtlich nicht auf eine nukleare Verseuchung (etwa durch ein defektes Atomkraftwerk) zurück, weil sonst alle anwesenden Menschen in kurzer Zeit an den Folgen der radioaktiven Strahlung gestorben wären. Auch die Möglichkeit von elektrostatischen Störungen konnte mit Sicherheit ausgeschlossen werden. Professor Lipinski schloß daraus, daß es sich um eine UTE (engl. Abkürzung für Unknown Type of Energy), eine unbekannte Energieform handeln müsse – aller Wahrscheinlichkeit nach um eine Form geistiger Energie, die er deshalb auch als SE, spirituelle Energie, bezeichnete.

Die Wirkung der Lichtwässer ist nicht vom religiösen Glauben abhängig.

Gibt es also tatsächlich Orte, denen eine so außerordentlich starke Energie (welcher Art auch immer) innewohnt, daß sich dort gläubige Menschen einfinden und Kapellen oder Tempel errichten? Oder hat zu einem bestimmten Zeitpunkt dort ein Ereignis stattgefunden, das dem Ort ein energetisches Vermächtnis hinterlassen hat? Oder aber hat das wiederholte Zusammentreffen von betenden oder (allgemeiner) geistig orientierten Menschen diesem Ort etwas aufgeprägt, das in der Folge auch von anderen wahrgenommen werden kann?

Man mag darüber denken, wie man will – es ändert nichts am Phänomen Lichtwasser. Lichtwässer sollten gänzlich unbefangen und unvoreingenommen benutzt werden. Ein größeres, durchaus hilfreiches Verständnis dafür, wie und warum sie tatsächlich wirken, wird sich schon allein durch ihre gezielte und regelmäßige Anwendung einstellen.

Die Herkunft der fünf Basiswässer

Die hier vorgestellten Lichtwässer, auch Basiswässer genannt, stammen alle ursprünglich aus Orten, die auch eine starke religiöse Bedeutung haben. Sie wurden alle bereits vor mehr als zehn Jahren entdeckt, langfristigen und gründlichen Forschungen unterworfen und werden seitdem praktisch auf der ganzen Welt zu den verschiedensten Zwecken, vor allem aber zur Therapie von Krankheiten verwendet.

■ In **Lourdes** (Südfrankreich) wurde das erste Lichtwasser entdeckt. Das ursprünglich kleine Dorf am Fuße der Pyrenäen ist heute ein stattlicher Ort mit rund 18 000 Einwohnern und etwa 40 000 Betten für Besucher – und vermutlich der meistbesuchte christliche Wallfahrtsort der Welt. Die heutige Grotte war bereits zu vorchristlicher Zeit ein »besonderer« Ort, wo religiöse Kulte gepflegt wurden. Der christlichen Geschichte nach erschien seit dem 11. Februar 1858 der damals vierzehnjährigen Bernadette Soubirous hier 18mal die Muttergottes, die »Unbefleckte Empfängnis« genannt werden wollte und dem Hirtenmädchen einige Geheimnisse und Aufträge anvertraute.

Die Lourdespilger, die seither in das Wasserbecken eintauchen und die Stadt manchmal geheilt wieder verlassen, berichten oft, daß sie gleich nach Verlassen des Beckens bereits wieder trocken sind. Die Wunderheilungen von Lourdes gehen nach Angaben der Gläubigen in die Tausende (vgl. Seite 38), nur wenige davon sind von der strengen Kommission der katholische Kirche aber als echte Wunder anerkannt worden.

Das Lourdes-Wasser wird in Riesenmengen an die Pilger verkauft, allerdings leider meist in Plastikgefäße gefüllt und ohne jegliche Anwendungshinweise – also eher als religiöses Souvenir.

■ **Montichiari** bei Brescia (Oberitalien) ist seit 1947 als Marien-Wallfahrtsort bekannt. Eine »Sehende«, die Krankenschwester Pierina Gilli, hatte hier seit dem Frühjahr 1947 mehrere Erscheinungen, zunächst im Krankenhaus von Montichiari und dann in der Pfarrkirche im Beisein vieler Menschen. Seit dem Frühjahr 1966 auch im Ortsteil Fontanelle, wo die »Madonna der Mystischen Rose« nach Angaben der Krankenschwester das Wasser heilsam machte: Die Madonna berührte das Wasser und wünschte, daß hier ein Brunnen und ein Wasserbecken gebaut würde, damit Kranke Heilung finden könnten – was sich offenbar verwirklichte.

Eine Eigentümlichkeit in Montichiari, die bisher nur an einem weiteren Ort, in Santa Maria della Fontana bei Mailand, entdeckt wurde: Das Wasser, das viele Pilger auch von dort mit nach Hause nehmen (leider oft in Plastikflaschen), ist eine natürliche Mischung aus zwölf einzelnen Quellen, die Ihnen mit etwas Glück ein Ortskundiger zeigen kann. Jede dieser Quellen führt Lichtwasser, aber in jeweils etwas anderer Zusammensetzung. Jedes einzelne Quellwasser hat ein hochinteressantes spezifisches therapeutisches Anwendungsgebiet.

Bis vor zwei, drei Jahren war Montichiari noch ein bezaubernder Ort, abgelegen, inmitten einer grünen Hügellandschaft. Vor allem an Wochentagen traf man nur gelegentlich Fremde dort an, meist ein oder zwei Busse mit Menschen (oft aus Frankreich oder aus Deutschland), die sich ruhig und gesammelt niederließen oder in Gruppen um ein riesiges Kreuz zogen. Heute ist das Dorf zwar im Vergleich mit anderen Wallfahrtsorten noch ruhig, und auch von Andenkenhändlern und dergleichen gibt es noch keine Spur. Aber rings um die Quelle sind bereits Sperren, Ketten und Schnüre gespannt, und Schilder weisen an, in welche Richtung man zu gehen hat, wo barfuß und wo Schuhe angemessen sind.

■ Die Erscheinungen in **Medjugorje** (Bosnien) haben mit ihrem Beginn nicht wenig Aufsehen in der ganzen Welt erregt: Seit dem 24. Juni 1981 ist hier jahrelang und täglich die Mutter Gottes in Gestalt der »Königin des Friedens« vier Jugendlichen begegnet. Auch heute »spricht« der eine oder andere dieser Menschen täglich mit ihr und gibt ihre Botschaften an die Gläubigen weiter. In manchen Ländern gibt es sogar Radiostationen und monatliche Bulletins, die diese Botschaften verbreiten. Medjugorje ist unter anderem auch deswegen einzigartig und unterscheidet sich deutlich sowohl von anderen Wallfahrtsorten als auch allgemein von »Lichtwasserorten«.

Vor vielen Jahren wurde praktisch auf freiem Feld, ziemlich weit vom Ort entfernt, eine riesige Kirche erbaut, unverhältnismäßig groß für die wenigen Bewohner. Nunmehr ist sie allerdings schon zu klein geworden für die Pilgermengen, vor allem an Feiertagen. Medjugorje als Ort der Sammlung und Meditation hat sich in den letzten Jahren stark verändert, und zwar nicht nur auf Grund der Kriegswirren, die den Ort selbst eigenartigerweise verschont haben. Von einem sehr ruhigen kleinen Flecken ohne Touristenrummel hat es sich nun eher zu einem Großbetrieb entwickelt, der anderen vielbesuchten Wallfahrtsorten immer ähnlicher wird.

■ Die Tradition von **San Damiano** bei Piacenza (Italien) geht auf den 29. September 1961 zurück, an dem eine einfache Bäuerin seltsamen »Besuch« von einer schönen, aber sehr einfach gekleideten Dame bekam, die sie um ein Almosen für die Kirche von Padre Pio bat und sie von einer schweren Krankheit heilte. Danach erschien die Frau der Bäuerin noch oft, aber nunmehr »majestätisch strahlend«. Zur Zeit führt ein anderer Seher aus San Damiano die Tradition fort und verbreitet die Botschaften der heiligen Frau. Vor allem am ersten Sonntag jedes Monats versammeln sich zahlreiche Betende in San Damiano, im übrigen ein ruhiger, eher unscheinbarer Ort.

■ Das fünfte der Basiswässer stammt aus **Fatima** in Portugal, das bereits seit 1917 ein weltberühmter Wallfahrtsort ist. 1916 wurden drei Hirtenkinder, die zehnjährige Lucia dos Santos, der neunjährige Francesco Marto und die siebenjährige Giacinta Marto, dreimal von einem Engel besucht, der ihnen ihre künftige Aufgabe als Boten der Madonna ankündigte. Die »Rosenkranz-Madonna« erschien dann ab dem 13. Mai 1917 mehrfach, zum Teil in Anwesenheit von über 2000 Menschen.

Die Geheimnisse, die den Kindern anvertraut wurden, gaben Anlaß zu zahlreichen Spekulationen. Man sagt, einige dieser Geheimnisse seien nur dem Papst zugänglich gemacht worden, und eines davon betreffe den Untergang der kommunistischen Weltmacht.

1921 wurde in Fatima ein Brunnen gegraben, um den Durst der Pilger zu löschen. Seither werden diesem Wasser zahlreiche Heilungen zugeschrieben. Trotz mehrerer Versuche, den Brunnen zu verschütten, findet das Wasser weiterhin seinen Weg an die Oberfläche.

Aufgrund ihrer typischen Schwingungsfrequenzen und Energietypen können Lichtwässer gezielt bei bestimmten Beschwerden eingesetzt werden.

Den Lichtwässern dieser Orte ist die Resonanz mit allen sieben Lichtfrequenzen gemeinsam. Was sie voneinander unterscheidet, ist unter anderem das Vorherrschen von ein oder zwei bestimmten Frequenzen sowie von bestimmten Merkmalen des Energietyps und der Schwingungsebene, wodurch die Wässer sehr differenziert und spezifisch gegen bestimmte Beschwerden eingesetzt werden können.

Die hier vorgestellten »Basiswässer« wurden so benannt, weil sie zusammen praktisch den gesamten Therapiebereich abdecken und zudem ganz unproblematisch auch von jedem Laien angewendet werden können. Sie sind ein geradezu idealer »Einstieg« in die Anwendung (und das Verständnis) der Lichtwässer.

Was man wissen muß

■ Die Zutaten des Lebens: Licht und Wasser

Die Photosynthese der Pflanzen ist die unabdingbare Voraussetzung für das meiste Leben auf der Erde, auch das des Menschen. Diese Sauerstoffproduktion kann aber nur vonstatten gehen, wenn sowohl Kohlendioxid als auch Licht und Wasser vorhanden sind.

Licht besteht aus verschiedenen Frequenzen. Während zum Beispiel Tiefseealgen mit weniger Licht und einem unvollständigen Lichtspektrum auskommen können, ist für unsere Gesundheit das Vorhandensein des gesamten Lichtspektrums mit allen sieben Frequenzen unablässig. Weil künstliches Licht nicht alle Frequenzen enthält, kann sich der ständige Aufenthalt in künstlich beleuchteten Räumen auf Dauer ungünstig auf die Gesundheit auswirken. Deshalb sind Lichtwässer, die ja alle sieben Lichtfrequenzen »enthalten«, d.h. mit ihnen resonant sind, so wirksam bei der Heilung vieler Beschwerden.

■ Elektrisch, magnetisch oder polarisiert?

Allen Lichtwässern ist ein weiterer Aspekt gemeinsam: die polarisierte Energie. Wie weiter vorne (vgl. Seite 33) bereits angedeutet, handelt es sich dabei um eine typisch kosmische, gebündelte Energie, die vom Menschen bisher noch nicht technisch erschlossen und genutzt wird.

Jedes Lichtwasser hat dabei allerdings individuell vorherrschende Energiemerkmale. So ist Lourdes-Wasser zum Beispiel vorwiegend elektrisch, auf einer »Basis« von polarisierter Energie. Montichiari-Wasser hingegen ist vorwiegend magnetisch, aber ebenfalls polarisiert. Die anderen drei Basiswässer aus San Damiano, Fatima und Medjugorje sind hingegen ausschließlich polarisierte Wässer.

Das Wissen um diese spezifischen Eigenschaften ist notwendig, um bestimmte Beschwerden gezielt behandeln zu können, um das »Terrain« des Körpers grundlegend zu sanieren und um die Wässer entsprechend des Zeitpunkts ihrer optimalen Resonanz einzusetzen (vgl. Tabellen Seite 50 und 56).

Typisch »elektrische« Beschwerden

Ein geradezu klassisches Beispiel für ein Ungleichgewicht, für einen Überschuß an »elektrischer« Energie sind Allergien. Dies mag für den Laien vielleicht etwas vage klingen, ist aber unter anderem durch den Aurikulartest nach Nogier (vgl. Seite 37) ohne weiteres nachzuweisen. Die Beziehung von energetischer Disharmonie im Körper und Allergieleiden wird dabei geradezu offensichtlich. Auch wenn man unvorsichtigerweise zuviel Sonnenenergie »getankt« hat, einen Sonnenbrand oder gar einen Sonnenstich erleidet, ist dies an den Energieformen im Körper meßbar. Typisch elektrische Beschwerden sprechen besonders gut auf Lourdes-Wasser an.

Nach dem chinesischen Energiekonzept entspricht die »elektrische« Energie dem Yang oder, bildlich gesprochen, etwas, das stark nach außen gerichtet ist, eine Zentrifugalkraft entwickelt, »Funken sprüht«.

Typisch »magnetische« Beschwerden

Probleme, die mit der Nahrungsaufnahme und dem Stoffwechsel zusammenhängen, sind in der Regel »magnetischer« Art. Eine Magenverstimmung oder Übelkeit, aber auch Gewichtsprobleme würden Sie also wahrscheinlich mit Montichiari-Wasser behandeln. Magnetische Energie entspricht dem chinesischen Yin, das nach innen gerichtet ist, eine Zentripetalkraft hat, für Behinderung und Schwächung steht. Sie können es sich als ein Feuer vorstellen, das langsam vor sich hinschwelt.

Typisch »polarisierte« Beschwerden

Die Lichtwässer zeigen alle polarisierte Energie.

Hierzu kann man Probleme an der Wirbelsäule und Haltungsschäden rechnen, aber auch Einschlaf- und Durchschlafstörungen sowie manche Störungen der Herzfunktion. Polarisierte Energie ist die energetische Ursprungsform, aus der sowohl die elektrische als auch die magnetische Energie hervorgehen. Sie entspricht der Gesamtheit von Yin und Yang.

Ein therapeutisch eingesetztes »Energiewasser« sollte in jedem Fall polarisiert sein – so wie typischerweise die Lichtwässer. Die polarisierte Energie ist vorherrschend bei Medjugorje-, San-Damiano- und Fatima-Wasser.

Lichtwasser-Experten stehen nichtpolarisierten »Heilwässern« äußerst skeptisch gegenüber, weil sie nicht gegen die elektromagnetische Verseuchung unserer Umwelt durch den allgegenwärtigen Gebrauch von elektrischen Geräten, die Nähe von Hochspannungsleitungen usw. wirken, sondern diese eher verstärken. Wir können zwar diese elektrische Dauerbelastung mit unseren fünf Sinnen nicht unmittelbar wahrnehmen, ihre Folgen werden nach einiger Zeit jedoch meist offensichtlich. Bei heilenden Anwendungen sollte man deshalb ganz besonders darauf achten, daß der kranke Körper nicht zusätzlich noch durch störende Energiefaktoren belastet wird.

Die neun Schwingungsebenen und ihre Harmonischen

Jedem Lichtwasser lassen sich charakteristische »positive« Schwingungsebenen (mit Rechtsspin, vgl. Seite 31) und ihre Harmonischen zuordnen, mit denen sie resonant sind. Diese Schwingungen treten in ihrer »negativen« Form (mit Linksspin) typischerweise bei bestimmten Krankheiten und Beschwerden auf und lassen sich daher mit dem entsprechenden Lichtwasser harmonisieren:

- **Schwingungsebene 1** betrifft rein körperliche Funktionen sowie Verletzungen und Vergiftungen.
- **Schwingungsebene 2** bezieht sich hauptsächlich auf die Sphäre des Gemüts, auf die Veränderungen der Biorhythmen und hormonelle Störungen.
- **Schwingungsebene 3** ist typisch für psychosomatische Krankheiten sowie Asthma und Allergien.
- **Schwingungsebene 4** ist kennzeichnend für anormales Zellwachstum, Wucherungen und Krebs.
- **Schwingungsebene 5** tritt bei Störungen des Immunsystems auf.
- **Schwingungsebene 6** steht in Beziehung mit Diabetes und anderen Stoffwechselkrankheiten.
- **Schwingungsebene 7** zeigen negative Stimmungen wie Desinteresse, Apathie und Lustlosigkeit etc.
- **Schwingungsebene 8** erscheint bei selbstzerstörerischen Tendenzen, Drogenabhängigkeit etc.
- **Schwingungsebene 9** vermittelt zwischen den ersten acht und den folgenden feineren, intensiveren Schwingungsebenen.

Die Harmonischen, die zu den Schwingungsebenen bei den einzelnen Lichtwässern angegeben werden, drücken bei Erkrankungen die tieferen, meist zeitlich weit zurückliegenden Ursachen aus. Die genaue Kenntnis dieser Zusammenhänge ist für den Therapeuten von großer Bedeutung zur Einschätzung der Krankheit, wird aber in diesem Buch nur der Vollständigkeit halber kurz angedeutet.

Der Körper und seine Energieresonanz

Wenn die befruchtete Eizelle beginnt, sich zu teilen, bilden sich zunächst drei sogenannte Keimblätter, Zellbereiche, aus denen sich dann im Verlauf der ersten Tage der Schwangerschaft allmählich die Anlagen für die verschiedenen Organe entwickeln. Aus dem äußeren Keimblatt, dem Ektoderm, entwickeln sich unter anderem die Haut, Talg- und Schweißdrüsen, die Schleimhäute, das Nervensystem einschließlich des Gehirns sowie Anteile der Hauptsinnesorgane, zum Beispiel von Augen, Nase, Haut. Die für das Ektoderm typische Energieform ist elektrischer Natur.

Den Keimblättern sind bestimmte Energieformen zugeordnet: Ektoderm – elektrisch, Mesoderm – polarisiert, Entoderm – magnetisch.

Aus dem mittleren Keimblatt, dem Mesoderm, entwickeln sich vor allem der Bewegungsapparat, Skelett und Muskulatur, die Auskleidung von Hohlräumen (Epithelien), Bindegewebe, Zirkulationsorgane wie Herz, Nieren, Ausscheidungsorgane, innere Geschlechtsorgane sowie Blutzellen. Dem entspricht die polarisierte Energie.

Aus dem inneren Keimblatt, dem Entoderm, entsteht der Magen-Darm-Trakt (außer dem ektodermalen Mund und After), die Lunge, einige Drüsen – zusammengefaßt also Gewebe, die mit Stoffwechsel, Atmung und Verdauung zu tun haben. Die entsprechende Energieform ist magnetischer Natur.

Demzufolge ist ein typisch magnetisches Wasser wie das aus Montichiari als Simillimum angezeigt bei Störungen all der Organe und Gewebe, die dem Entoderm entstammen. Ein »klassisches« elektrisches Wasser wie das aus Lourdes korrespondiert als Simillimum mit Organen, die aus dem Ektoderm entstanden sind. Und alle stark polarisierten Wässer wie die aus Fatima, San Damiano und Medjugorje sind ideal für Störungen in Körperstrukturen, die mit dem Mesoderm zusammenhängen (vgl. Tabelle rechts).

■ *Die Körpergewebe und ihre Frequenzen*

Die Qualität der elektrischen Schwingungserscheinungen unseres Körpers ist ein Spiegelbild unserer Gesundheit. Mehrere Forscher haben sich eingehend mit unserer »energetischen Hülle« befaßt, die zwar seit dem Altertum bekannt ist, aber bis vor wenigen Jahrzehnten eher intuitiv erfaßt wurde. Heute weiß man, daß lebende Gewebe meßbare Schwingungen auf niedrigen Frequenzen im Bereich zwischen 1 und 160 Hertz ausstrahlen (vgl. Seite 27).

Schwingungstyp	Frequenz (in Hz)	Körperbereich	Energieform	Keimblatt
A	2,5	undifferenzierte Gewebe (wie in der Eizelle zunächst vorhanden), Haut	elektrisch	Entoderm, Mesoderm, Ektoderm
B	5	Stoffwechsel, Atmungsapparat, Verdauungstrakt	magnetisch	Entoderm
C	10	Herz und Kreislauf, Geschlechts- und Harntrakt, Bewegungsapparat (Muskulatur, Skelett, Bindegewebe)	polarisiert	Mesoderm
D	20	Körpersymmetrie, Schwellkörper, Wirbelsäule, Nase	polarisiert	alle drei Keimblätter
E	40	peripheres Nervensystem (in Armen, Beinen, Organen), Rückenmark, Leitung von Nervenimpulsen	elektrisch und polarisiert	Ektoderm und Mesoderm
F	80	Gehirn: Limbisches System, Regulation der unbewußten und automatischen Abläufe	elektrisch und magnetisch	Ektoderm und Entoderm
G	160	Großhirn (Hirnrinde), bewußter Gedanke, bewußte Steuerungsvorgänge	elektrisch	Ektoderm

Wie sinnvoll ist es also, bei vielen gängigen medizinischen Diagnose- und Behandlungsmethoden beinahe routinemäßig mit Geräten wie Computertomographen oder Kernspintomographen zu arbeiten, die im Vergleich dazu elektromagnetische Wellen in einem hohen Frequenzbereich ausstrahlen? Gemäß der Resonanztheorie sicher nicht. Im Gegenteil sollten die therapeutischen Maßnahmen den natürlichen Frequenzen des Körpers angepaßt werden.

Es ist das Verdienst des französischen Arztes Paul Nogier aus Lyon (vgl. Seite 37), ein präzises Schema der Frequenzen erarbeitet zu haben, das den natürlichen Gegebenheiten aller Gewebe und Organe gerecht wird. Um ein besseres Verständnis der Eigentümlichkeiten und der spezifischen Anwendungsmöglichkeiten der Lichtwässer zu erleichtern, geben wir hier auf der Grundlage von Nogiers Arbeiten einen Überblick über die Zusammenhänge.

Die richtige Therapieform

In den Lichtwässern finden wir die »Originalschwingungen«, die in Resonanz zu unserem gesamten Körper stehen. Diese brauchen also nicht verarbeitet, »verdaut« und umgewandelt zu werden, bevor sie sich der Körper zunutze machen kann: Die Schwingungen der Lichtwässer stellen eine reine und unverfälschte, harmonische Information dar, auf die sich unser Organismus mühelos »einstellen« oder »einschwingen« und dabei seinen natürlichen Rhythmus, seine eigentliche Harmonie wiederfinden kann.

Gegensatz oder Simillimum?

Wie würden Sie einen Durchfall behandeln? Wenn Sie zu einem Arzneimittel greifen, das die übermäßige Darmtätigkeit in kurzer Zeit stoppt, dann setzen Sie den Beschwerden ein »gegensätzliches« Mittel entgegen und behandeln vor allem die Symptome.

Wenn Sie ein homöopathisches Mittel wählen, dann gehen Sie nach dem Simillimum-Prinzip vor, das Ähnliches mit Ähnlichem behandelt. Die verdünnten homöopathischen Mittel provozieren in Reinform ähnliche Symptome wie die Krankheiten, die damit behandelt werden. Nach Meinung einiger Wissenschaftler ist das Symptom bereits ein Versuch des Körpers, zur Heilung zu gelangen.

Eine wirkungsvolle Unterstützung des Heilungsprozesses sollte möglichst bei der Ursache der Erkrankung ansetzen und den Körper in seiner Gesamtheit stärken. Meist ist Durchfall ein Zeichen des Körpers für seine Bemühungen, sich von etwas zu befreien, was für ihn unverträglich oder gar giftig ist. Greifen Sie in diesem Moment zu einem Klistier, vielleicht mit einem speziellen Zusatz, um die natürliche Reaktion des Körpers zu unterstützen und zu beschleunigen, gehen Sie kausal vor, d.h., Sie fördern soweit als möglich das Ausräumen der Ursache.

Lichtwässer können auf verschiedene Arten angewandt werden: in Notfällen »symptomatisch«, als Simillimum und vor allem vorbeugend und kausal.

Ein anderes Beispiel: Sie haben Fieber. Greifen Sie jetzt zu einem fiebersenkenden Arzneimittel, behandeln Sie also symptomatisch? Wählen Sie nach dem Simillimum-Prinzip ein homöopathisches Mittel oder setzen Sie kausal einen Kneippschen Wickel ein, um den natürlichen Vorgang des Fiebers zu verstärken und es damit zu einem rascheren Abklingen zu bringen und vor Rückfällen zu schützen?

Beim Einsatz der Lichtwässer können Sie je nach Art und Ausprägung der Beschwerden durchaus zwei oder drei dieser verschiedenen Therapietechniken einsetzen. Alle drei können Sie mit den Lichtwässern kombinieren, da diese im Prinzip allen drei Ansätzen Rechnung tragen.

Bei akuten Beschwerden ein »gegensätzliches«, bei chronischen Beschwerden ein »ähnliches« Lichtwasser verwenden.

Bei akuten und stark störenden Beschwerden sollte man zunächst zu einem Lichtwasser greifen, das gegensätzlich zur energetischen Charakteristik der Symptome ist. Zum Beispiel wird eine entzündliche und stark schmerzende Schwellung durch einen Insektenstich am besten zunächst mit Montichiari-Wasser behandelt. Nach Abklingen der schwersten Symptome oder nach ihrem gänzlichen Verschwinden (was oft erstaunlich rasch vor sich geht), sollte man nicht etwa die Lichtwasser-Behandlung einstellen, sondern zum Simillimum übergehen, indem man das entsprechende Lichtwasser zum erkrankten Organ auswählt, im genannten Fallbeispiel zu Lourdes-Wasser. Die kausale Behandlung (zum Beispiel ein kühlender Wickel) sollte dabei mit einbezogen werden, um künftigen Rückfällen vorzubeugen.

Bei chronischen Beschwerden greift man direkt zum Simillimum. Dabei wird man in der Regel etwas Geduld haben müssen, weil sich positive Resultate hierbei erst langsam zeigen. Wichtig dabei ist, die Behandlung nicht zu früh abzusetzen, was Homöopathie-Patienten meist bereits hinreichend bekannt ist. Im Gegensatz zur Homöopathie kommt es allerdings beim Einsatz der Lichtwässer nie zu heftigen Reaktionen, also zunächst einer Verstärkung der Symptome.

Ein konkretes Beispiel: Sie haben sich einen unangenehmen Sonnenbrand zugezogen und haben womöglich eine erhöhte Körpertemperatur oder sogar Kopfschmerzen. In diesem Fall greifen Sie zu einem stark absorbierenden Wasser, dem Montichiari-Wasser. Feuchte Wickel oder bei ausgedehntem Sonnenbrand auch ein lauwarmes Bad mit einigen Tropfen Montichiari-Wasser werden Ihnen helfen. Seine Wirkung kann noch unterstützt werden durch den Zusatz von Apfelessig oder Kleie.

Nach ein oder zwei Stunden gehen Sie über auf das Simillimum, in diesem Fall auf Lourdes-Wasser, mit dem Sie sich wiederholt abwaschen oder leicht massieren. Außerdem unterstützen Sie den Genesungsprozeß, indem Sie in den folgenden Tagen direkte Sonnenbestrahlung und Hitze vermeiden und außerdem genügend trinken sowie nur leichte Speisen zu sich nehmen.

Harmonie zwischen Zeitpunkt und Energieform

Im normalen Alltag sind wir uns meistens gar nicht bewußt, wie stark die natürlichen Rhythmen unser Leben beeinflussen. Die Gezeiten, Ebbe und Flut, erleben die meisten Menschen nur selten, und selbst die wechselnden Tages- und Jahreszeiten ziehen »draußen«, außerhalb von Wohnung und Arbeitsplatz, in der Hektik des Alltags manchmal unbemerkt an uns vorüber. Gerade in der Stadt werden im Zeitalter von lichtdurchfluteten Räumen und Klimaanlagen die klimatischen Auswirkungen nur verzerrt spürbar.

Wenn allerdings unser Herz plötzlich nicht mehr wie gewohnt im Takt schlägt, sind wir sofort besorgt und lassen uns schnell vom Arzt behandeln. Ist bei Mädchen und Frauen die Regelblutung unregelmäßig, gehen sie ebenfalls den Ursachen nach und greifen womöglich regulierend ein.

In der fernöstlichen Medizin spielen seit Jahrtausenden die natürlichen zeitlichen Rhythmen unserer Umwelt (Chronobiologie) eine große Rolle bei der Behandlung von Krankheiten. Erst langsam werden diese chronobiologischen Einflüsse auf den menschlichen Körper auch in der Medizin der westlichen Welt beachtet.

Die Wissenschaft stößt auf immer mehr faszinierende Zusammenhänge zwischen den kosmischen Rhythmen (Makrokosmos) und denen der Lebewesen und auch des Menschen (Mikrokosmos). So erkannte man, daß die Wirkung mancher Medikamente zu gewissen Tageszeiten stärker zum Tragen kommt. Die Einnahme von Heilmitteln im Einklang mit dem Biorhythmus ermöglicht geringere Wirkstoffdosen und vermindert somit das Risiko von unerwünschten Nebenwirkungen. An japanischen Krankenhäusern beispielsweise operiert man bereits unter Berücksichtigung der individuellen Rhythmen der Patienten und bietet sogar manchen Berufsgruppen wie etwa Taxifahrern eine Berechnung ihrer biorhythmisch »kritischen« Tage an, wenn sie also besonders vorsichtig fahren sollten.

Ein Tag ist wie ein Jahr

Der Biorhythmus des Menschen folgt dem Rhythmus der Jahres- und Tageszeiten.

Kein Bibelzitat, sondern eine Erkenntnis aus der Beobachtung kosmischer Rhythmen. Stellen Sie sich den Ablauf der Jahreszeiten vor: Explosion des neuen Lebens im Frühjahr, Reifen der Früchte im Sommer und Herbst, Ruhe und Sammlung im Winter.

Diese Zeiträume unterscheiden sich grundlegend auch durch ihre Energieform: Etwa ab dem 21. Februar bis zum 20. Juni ist sie hierzulande »elektrischer« Art; vom 21. Juni bis zum 20. Oktober »magnetisch« und danach bis zum folgenden Februar »polarisiert«.

Dies mag etwas theoretisch oder gar abstrus klingen, aber wenn Sie ein wenig Erfahrung mit einem Garten haben, wird der Zusammenhang klarer: Sie haben dann vielleicht bemerkt, daß zum Beispiel Radieschen im Frühjahr wunderbar wachsen, während sie zu anderen Jahreszeiten selbst unter künstlich geschaffenen »Idealbedingungen« im Treibhaus nie so gut gedeihen. Bekanntermaßen schmeckt Treibhausgemüse nie so gut wie unter natürlichen Bedingungen gewachsenes Freilandgemüse. Das liegt nicht nur an der »frischen Luft«, sondern ganz besonders am energetischen Einfluß der jeweiligen Jahreszeit. So treten in bestimmten Jahreszeiten auch einige Krankheiten gehäuft auf, zum Beispiel Allergien vor allem im Frühjahr.

Ein entsprechendes Schema der Energie- und damit Lebensbedingungen gilt für den Tagesablauf: Von 3 Uhr bis 11 Uhr morgens herrscht die elektrische Energieform vor, kennzeichnet sozusagen für das erwachende Frühjahr des Tages. Von 11 Uhr bis 19 Uhr ist die Zeit der magnetischen Energie, wenn wir besonders aktiv sind, und von 19 Uhr bis 3 Uhr dominiert die polarisierte Energie, wenn wir in der Phase der »winterlichen Ruhe« neue Kräfte schöpfen.

Die Lichtwässer helfen, den natürlichen Rhythmus des Körpers wiederherzustellen.

Die Erkenntnisse der Chronobiologie können wir wirkungsvoll für unser Wohlbefinden nützen, und zwar nicht nur, wenn es darum geht, ein Arzneimittel zum richtigen Zeitpunkt einzunehmen. Tages- und Jahreszeiten zeichnen sich durch das Vorherrschen einer bestimmten Energieform aus. Dementsprechend kann sich die Wirkung der Lichtwässer optimal entfalten, wenn man sie zu den besonders geeigneten Zeitpunkten einnimmt.

Wenn wir unser Leben auf die natürlichen, sprich kosmischen, Rhythmen einstellen, werden wir auch den Bedürfnissen unseres Körpers gerecht und stärken dadurch unser Immunsystem, d.h. die natürlichen Abwehrkräfte unseres Körpers. Oft lassen es unsere Lebensbedingungen (Schichtarbeit, Nachtarbeit, häufige und weite Reisen) nicht zu, hundertprozentig nach den Rhythmen zu leben. Aber auch geregeltere Arbeitszeiten und moderne Lebensgewohnheiten sind selten gemäß der natürlichen Rhythmen eingerichtet. Gerade dann kommen uns die Lichtwässer zu Hilfe, da ihre Mikroinformation jene typischen Energieformen enthält, die den verschiedenen Tageszeiten entsprechen und die sie an den Körper weitergeben können.

Die Lichtwässer und ihre Anwendungsmöglichkeiten

Im folgenden werden die einzelnen Lichtwässer mit ihren charakteristischen Merkmalen sowie Anwendungsbeispielen vorgestellt. Die hier angeführten Vorschläge erheben allerdings keinen Anspruch auf Vollständigkeit. Probieren Sie ruhig ein wenig aus. Mit Hilfe der vorangegangenen theoretischen Hinweise und einiger Erfahrung werden Sie sicher selbst bald herausfinden, bei welchem Problem Ihnen welche Wässer und welche Anwendungen am besten helfen.

Die Anwendungsvorschläge auf den folgenden Seiten sind nicht als Rezepte im strengen Sinn gedacht, sondern als Anregungen, wie die Selbstheilungsprozesse des menschlichen Organismus mit natürlichen Mitteln unterstützt werden können. Wenn Sie in ärztlicher Behandlung sind, sollten Sie auf keinen Fall die verordneten Maßnahmen oder Medikamente eigenmächtig absetzen! Sprechen Sie mit Ihrem Therapeuten Veränderungen der Dosierung ab. Die Lichtwässer sollen nicht als Ersatz für andere Behandlungsmethoden dienen, sondern eine medizinische Therapie möglichst begleiten und unterstützen.

Die dem Buch beigefügten Basiswässer sind allein für die Reproduktion, d.h. »Vermehrung«, bestimmt. Dazu geben Sie neun Tropfen eines Lichtwassers in einen Liter Trinkwasser (vgl. »Praktische Anwendung« ab Seite 87).

Jetzt haben Sie in der Regel genügend Wasser für die beschriebenen Anwendungen zur Verfügung. Sollte Ihr Vorrat zur Neige gehen, reproduzieren Sie mit Hilfe des Restes einfach eine neue Wassermenge, eine neue »Lichtwasser-Generation«. Wichtig dabei ist, daß Sie das Wasser in Glasbehältern aufbewahren, um die natürlichen Frequenzen nicht durch Farb- oder Schadstoffe aus Kunststoffbehältern zu stören und den Einfall von natürlichem Licht zu gewährleisten. Am besten tragen Sie ein kleines Fläschchen mit Ihren wichtigsten Lichtwässern »für alle Fälle« immer bei sich.

Die über die Lichtwässer hinaus in den Anleitungen erwähnten Zutaten erhalten Sie in Apotheken, Drogerien und Reformhäusern.

Von der Theorie zur Praxis: Testen Sie die Wirkung der Lichtwässer!

Die Erfahrungsberichte stammen von Menschen, die Lichtwässer erfolgreich eingesetzt haben. Wenn Sie mehr über die Erfolge der Lichtwasser-Therapie wissen möchten, wenden Sie sich bitte an die unter »Adressen« ab Seite 94 genannten Einrichtungen, deren Arbeit ausführlich dokumentiert ist.

Die Basisanwendung

Die Einnahme der Lichtwässer gemäß der folgenden Basisanwendung ist genau auf die energetischen Rhythmen des Menschen zugeschnitten, um das tägliche Wohlbefinden und die anhaltende Gesundheit sicherzustellen.

Die langjährigen Erfahrungen tausender Menschen haben gezeigt, daß diese rhythmische Form der Anwendung von Lichtwässern den Organismus so weit in Einklang mit dem natürlichen Rhythmus und den energetischen Schwingungen des Makrokosmos bringen kann, daß sich Lichtwässer-Anwender, ob jung oder alt, gesund oder krank, bereits nach kurzer Zeit eines wesentlich besseren Allgemeinzustandes erfreuen können. So nimmt die Neigung zu Infektionen generell ab, die Belastbarkeit gegenüber Streß nimmt zu, und selbst bei chronischen Krankheiten verschaffen die Lichtwässer Erleichterung und unterstützen die medizinischen Therapien.

Die Basisanwendung

Sie nehmen jeweils neun Tropfen der angegebenen Lichtwässer zu den aufgeführten Zeiten ein. Das Fatima-Wasser kann zusammen mit oder gefolgt von dem jeweils angegebenen Lichtwasser eingenommen werden. Es wirkt normalisierend auf das Nervensystem und verstärkt grundsätzlich die Wirkung der anderen Lichtwässer.

Dieses Schema gilt für den »Normalfall« des körperlichen Zustands. Bei schweren Krankheiten kann man die Dosis unter Berücksichtigung des Körpergewichts erhöhen: 9 Tropfen pro Kilogramm Körpergewicht.

Zeitpunkt	***Lichtwasser I***	***Lichtwasser II***
morgens (beim Erwachen)	Fatima-Wasser (7fFT)	Lourdes-Wasser (7fL)
mittags (gegen 12 Uhr)	Fatima-Wasser (7fFT)	Montichiari-Wasser (7fMT)
nachmittags (zwischen 16 und 18 Uhr)	Fatima-Wasser (7fFT)	Medjugorje-Wasser (7fMJ)
abends (nach 21 Uhr)	Fatima-Wasser (7fFT)	San-Damiano-Wasser (7fSD)

Noch ein Tip: Bevor Sie mit der Basisanwendung beginnen, schreiben Sie so genau wie möglich auf, wie Sie sich zur Zeit fühlen, physisch wie psychisch. Beschreiben Sie auch Ihre Probleme, die Sie gerade beschäftigen. Nach einem Monat der täglichen Anwendung der Basisanwendung vergleichen Sie Ihre aktuelle Situation mit der vorherigen – Sie werden vielleicht staunen, wie sehr Ihnen die Lichtwässer bereits geholfen haben.

***Dr. Mancini aus Bologna**, 73 Jahre alt: Seine Cholesterin- und Blutfettbefunde waren besorgniserregend. Der Arzt sagte ihm, er müßte dringend etwas dagegen unternehmen. Und Mancini tat folgendes: Zunächst wandte er über vier Wochen hinweg die Basisanwendung an. Gleich danach ließ er die medizinischen Kontrolluntersuchungen wiederholen. Das Ergebnis: Die Cholesterinwerte und der Blutbefund waren in Ordnung – und sind es mit der Basisanwendung auch seitdem geblieben. Er (und seine Familie) nehmen nunmehr die Lichtwässer jeden Tag ein.*

Lourdes-Wasser

Abkürzung: **7fL** (7 Frequenzen, Lourdes)
Vorherrschende Energie: elektrisch
Schwingungsebene: 5 (Immunsystem)
Harmonische: 5 (Immunsystem)
Vorwiegende Frequenzen: A und G
Resonanz: mit dem Ektoderm (äußeres Keimblatt)

Lourdes-Wasser hat sich vor allem als reinigendes Wasser erwiesen, also für Bereiche, die man reinigen, klären, entlasten oder entgiften will. Abgesehen von der Behandlung von Krankheiten, können Sie 7fL auch allen Speisen und Getränken zugeben, wenn Sie sich einer innerlichen »Reinigung« unterziehen wollen. Sie können also beispielsweise auch Salate, Gemüse und Obst mit Wasser waschen, dem Sie je 9 Tropfen 7fL pro Liter zugefügt haben. Nach dem Waschen können Sie dieses Wasser dann weiter zum Begießen Ihrer Pflanzen verwenden – Ihre Blumen werden es Ihnen mit besonders kräftigem Wuchs danken.

Wenn Sie sich einer Röntgenuntersuchung oder Kernspintomographie unterziehen müssen, dann trinken Sie vor und nach den Aufnahmen und noch für weitere zwei Tage reichlich Lourdes-Wasser, um den möglichen Nebenwirkungen der Bestrahlung zu begegnen. Sie sollten mindestens dreimal am Tag 3 Tropfen pro Kilogramm Ihres Körpergewichtes einnehmen und außerdem 9 Tropfen 7fL an alle Speisen und Getränke geben.

■ Augen

Müde und gereizte Augen

Träufeln Sie 9 Tropfen 7fL auf vorher angefeuchtete Wattebäusche und legen Sie diese auf die geschlossenen Lider. Ruhen Sie mindestens 5 Minuten zurückgelehnt oder liegend damit aus.

■ Angefeuchtete Beutel mit schwarzem Tee oder Kamillentee und natürlich einigen Tropfen 7fL auf den geschlossenen Augen bringen ebenfalls Erleichterung. Dem Schwarzteebeutel fügen Sie außerdem 6 Tropfen 7fMJ (Medjugorje-Wasser), dem Kamillenteebeutel 3 Tropfen 7fSD (San-Damiano-Wasser) zu.

■ Machen Sie es sich zur Gewohnheit, jeden Morgen reichlich kaltes 7fL ins Gesicht zu »werfen«: Beugen Sie sich über eine Schüssel oder das Waschbecken, schöpfen Sie etwas Wasser mit den Händen und spritzen Sie es gegen die geschlossenen Augen.

■ Wenn Ihre Augen tagsüber zum Brennen neigen, tragen Sie immer ein Fläschchen mit Lourdes-Wasser bei sich. Viermal täglich (oder wann immer Sie das Bedürfnis dazu haben) geben Sie ein paar Tropfen davon in den inneren Augenwinkel. Noch wirksamer ist das Abwechseln von 7fL und 7fMJ (Medjugorje-Wasser).

Auch eine kleine Sprühflasche mit 7fL oder einer Mischung von 7fL und 7fMJ tut dabei gute Dienste: Sprühen Sie etwas von dem Inhalt viermal täglich (oder je nach Bedarf) auf die geschlossenen Lider.

■ Wenn Sie eine Brille tragen, träufeln Sie täglich 9 Tropfen 7fL auf die Innenseite jeder Glaslinse, und trocknen Sie diese dann vorsichtig mit einem sauberen Tuch oder Papiertaschentuch ab. Die Wirkung ist erstaunlich!

■ Wenn Sie viel am Computer arbeiten oder lange fernsehen und Ihre Augen mit Rötung und Reizung reagieren, geben Sie täglich 12 Tropfen 7fL um Computer und Fernseher, je 3 Tropfen auf jede Seite des Gerätes.

Sie können auch das elektromagnetische Feld um Ihre Elektrogeräte von einem Fachmann messen lassen, jeweils vor und nach dem »Betropfen« mit Lichtwasser. Sie (und vor allem der Fachmann) werden über die Unterschiede in den Meßwerten staunen!

Entzündung der Lidränder

Wenn Ihre Lidränder durch mechanische Reizung (Reiben) oder eine bakterielle Infektion entzündet sind, behandeln Sie sie 2 Tage lang mit warmen Kompressen (vgl. »Gerstenkorn« Seite 59). Nach Abklingen der akuten Phase verwenden Sie kühle Spülungen und kalte Kompressen. Benutzen Sie bei allen Anwendungen 7fL und stets neue sterile Tücher.

Bindehautentzündung

Die Augen drei- bis viermal täglich mit Wasser ausspülen, dem Sie je 9 Tropfen 7fL und 7fSD (San-Damiano-Wasser) zufügen. Außerdem eine Woche lang täglich ein warmes Bad nehmen, dem 36 Tropfen 7fL und 2 Liter Haferstrohsud (Haferstroh mit kochendem Wasser übergießen und nach dem Abkühlen das Wasser abfiltern) zugefügt wurden.

■ Wenn die Bindehautreizung durch eine Überanstrengung der Augen hervorgerufen wurde, verwenden Sie kalte Kompressen oder abwechselnd warme und kalte Kompressen, die jeweils mit 7fL getränkt wurden.

Gerstenkorn

Befeuchten Sie einen Wattebausch mit 7fL und legen Sie ihn 10 Minuten lang auf das betroffene Auge. Wiederholen Sie diese Anwendung mehrmals, mit einem jeweils frischen Wattebausch. Wenn es Ihnen angenehm ist, verwenden Sie warmes Wasser für diese Anwendung.

Fremdkörper im Auge

Nicht reiben! Wenn der Fremdkörper durch die Tränenflüssigkeit allein nicht ausgespült wird, kochen Sie eine Tasse Wasser ab, fügen 9 Tropfen 7fL hinzu und tauchen Sie ein steriles Tuch hinein. Benutzen Sie einen Zipfel dieses Tuches, um den Fremdkörper vorsichtig aus dem Auge zu entfernen, indem Sie den Zipfel behutsam daranlegen, bis der Störenfried haftenbleibt. (Vielleicht lassen Sie sich dabei von jemandem helfen.)

■ Sie können den Fremdkörper auch ausschwemmen, indem Sie 7fL in die Winkel des geöffneten Auges träufeln und die Augen dabei bewegen, damit sich die Flüssigkeit über den ganzen Augapfel verteilt und den Fremdkörper wegspülen kann. Danach legen Sie eine kühle Kompresse mit 7fL auf das geschlossene Auge auf, bis die Reizung abgeklungen ist.

■ ***Anita Facchetti aus Treviglio bei Bergamo****, 62 Jahre alt, befand sich auf einem weitläufigen Platz in der Stadt, als heftige Windböen ein großes Reklameschild umschlugen. Eine seiner Ecken traf sie am Auge. Man brachte sie gleich ins Krankenhaus, wo am rechten Auge eine Hornhautverletzung von einem Zentimeter Länge festgestellt wurde. Man entließ sie mit einem Rezept für Augentropfen, die ein Antibiotikum enthielten, und für eine Augensalbe.*

Doch Anita Facchetti hatte bereits so gute Erfahrungen mit den Lichtwässern gemacht, daß sie lieber darauf zurückgriff. Die Tropfen und die Salbe besorgte sie erst gar nicht. Sie träufelte dagegen je 9 Tropfen 7fL und 7fSD (San-Damiano-Wasser) dreimal täglich in beide Augen, und zwar drei Tage lang. Nach diesen drei Tagen ging sie zur Kontrolluntersuchung, und der Arzt erklärte, er habe noch nie eine so schnelle Heilung beobachtet.

■ Haut und Haar

Unsere Haut ist aus dem äußeren Keimblatt, dem Ektoderm, entstanden, zu dem 7fL besonders resonant und deshalb besonders »hautfreundlich« ist.

■ Dem Wasch- und Badewasser regelmäßig 7fL zufügen. Für das Waschbecken genügen 18 Tropfen, für die Badewanne sollten es mindestens doppelt so viele sein. Wer nicht jedesmal die Tropfen zählen will, kann eine Flasche mit der entsprechenden Menge 7fL für den täglichen Gebrauch im Badezimmer bereitstehen lassen.

Eine noch bessere Wirkung erzielt man, wenn auch noch Medjugorje-Wasser (7fMJ) hinzugefügt wird. In diesem Fall hält man jeweils zwei Fläschchen oder Flaschen im Badezimmer bereit.

■ Wer lieber duscht, sollte trotzdem nicht auf 7fL verzichten: Ein paar Tropfen davon auf den vorgefeuchteten Schwamm oder Waschlappen geben oder aber Schwamm oder Lappen direkt in eine Schüssel mit 7fL eintauchen und die Haut damit abreiben. Sie können auch eine Glasflasche mit Sprühverschluß vorbereiten und Gesicht und Körper mit 7fL nach jedem Bad und jeder Dusche besprühen.

■ Auch Ihre Kosmetika können Sie direkt mit 9 Tropfen 7fL »informieren«: zum Beispiel Badeschaum, Duschgel, flüssige Hautreinigungsmittel, Gesichtsmilch, Gesichtswasser, Körperlotion oder -öl, Parfüm und vieles andere mehr.

■ Sonne: Viele Menschen berichten, daß sie die Sonneneinstrahlung besser vertragen, seit sie regelmäßig ihre Haut mit 7fL behandeln. Dies ist wahrscheinlich dadurch zu erklären, daß eine gesunde Haut besser ihrer natürlichen Schutzaufgabe nachkommen und sich gleichzeitig die lebenswichtigen Sonnenstrahlen besser zunutze machen kann.

Geben Sie also vor allem in die Sonnenschutzmittel 9 Tropfen 7fL. Reiben Sie sich vor dem Sonnenbaden oder generell bevor Sie sich dem Tageslicht aussetzen – und auch abends vor dem Schlafengehen – besonders sorgfältig mit 7fL ein.

■ Übermäßiges Schwitzen: Bereits leichte Massagen mit 7fL an den Schläfen oder Handgelenken (im Uhrzeigersinn) haben eine harmonisierende und ausgleichende Wirkung, so daß lästiges, übermäßiges Schwitzen in der Regel bereits nach kurzer Zeit reguliert wird.

Vielleicht versuchen Sie es auch mit leichten Abreibungen aus einer Mischung von gleichen Teilen frisch gepreßtem Zitronensaft und 7fL. Sie werden sich selbst bei unangenehmer Hitze den ganzen Tag lang frisch fühlen.

Falls Sie sich der Sonne aussetzen, sollten Sie wegen des Säureanteils allerdings keinen Zitronensaft verwenden oder allenfalls dort, wo sicher keine Sonnenstrahlen auf Ihre Haut treffen (zum Beispiel unter den Achselhöhlen). Bedenken Sie dabei, daß UV-Strahlen zum Teil die Kleidung, vor allem leichte Sommerkleider und dünne T-Shirts, durchdringen können.

Haare und Nägel

Sie können 7fL natürlich auch Ihrem Shampoo und den Haarspülungen zusetzen. Spülen Sie den Schaum nach dem Haarewaschen zuletzt mit 7fL (9 Tropfen pro Liter lauwarmes Wasser) aus dem Haar.

- Zur täglichen Pflege der Kopfhaut: 9 Tropfen 7fL in die hohle Hand geben, die Fingerkuppen der anderen Hand damit benetzen und in die Kopfhaut einmassieren.
- Eingewachsene Haare: Nach dem Enthaaren der Beine kann es passieren, daß einzelne nachwachsende Haare die Oberhaut nicht mehr durchstoßen und dann »in die falsche Richtung« unter der Hautoberfläche weiterwachsen. Betupfen Sie sie in solchen Fällen zwei- bis dreimal täglich mit einem Wattebausch, auf den Sie je 9 Tropfen 7fL und 7fSD (San-Damiano-Wasser) gegeben haben. Danach können Sie auch diese Haare mühelos und vor allem schmerzlos entfernen lassen.
- Eingewachsene Finger- oder Fußnägel: Mindestens zweimal täglich in 7fL baden. Falls das Nagelbett entzündet ist, dem Wasser auch 9 Tropfen 7fSD (San-Damiano-Wasser) zufügen.

Hauterkrankungen

Akne und Abszesse

Blätter der großen Klette (*Acer campestre*) oder Calendulablüten zerbröseln und mit wenig Wasser erhitzen. Dabei ständig umrühren, damit sich eine breiförmige Masse von gleichmäßiger Temperatur ergibt. 9 Tropfen 7fL zufügen und den Brei lauwarm auf die zu behandelnde Stelle auftragen. Eine Viertelstunde ruhen lassen, dann vorsichtig abheben und mit lauwarmem 7fL abtupfen. Zweimal täglich wiederholen.

Ekzeme

Ekzeme sind meist hartnäckig und nur mit einer möglichst ganzheitlichen und kausalen Behandlung zu heilen. Vor allem bei chronischen Ekzemen sollten die Ernährungsgewohnheiten und mögliche Nahrungsmittelunverträglichkeiten überprüft und auch psychische Probleme als Ursache in Betracht gezogen werden.

- Die äußere und innere Behandlung des Problems mit 7fL kann eine medizinische Therapie stark unterstützen: Dem Waschwasser jeweils 18 Tropfen 7fL zufügen, dem Badewasser 36 Tropfen 7fL und 36 Tropfen 7fMJ (Medjugorje-Wasser).

Die betroffenen Stellen, insbesondere bei trokkener Haut, nach Bedarf häufig mit 7fL betupfen. Dazu jeweils sterile Mullbinden oder saubere (ausgekochte) Tücher benutzen. Außerdem sollten Sie allen Kosmetika, vom Gesichtswasser bis zur Hautcreme, 9 Tropfen 7fL zufügen.

■ Wer eine Aloe-vera-Pflanze auf dem Fensterbrett, auf dem Balkon oder im Garten hat, sollte gelegentlich ein Stückchen von einem der fleischigen Blätter »ernten«: Die Pflanzenhaut abziehen, das austretende Gel mit 9 Tropfen 7fL vermischen und diese feuchtigkeitsspendende und lindernde Lotion auf die Haut auftragen. Einziehen lassen, nicht abwaschen! Gießen Sie auch Ihre Aloepflanze stets mit 7fL.

■

Tiziana Poddu aus Mailand, *35 Jahre alt, leidet seit Jahren an Allergien, die vor allem im Frühjahr zu unerträglichem Juckreiz und Atemnot führen. Bereits die regelmäßigen Bäder und Waschungen mit 7fL und das regelmäßige Beträufeln von Speisen und Getränken mit dem Lichtwasser haben bei ihr zu einer deutlichen Erleichterung geführt. Mehrere harmonisierende Behandlungen in Lichtwasser-Zentren, vor allem ab Januar/Februar, haben ein übriges getan, um ihr Leiden abklingen zu lassen.* ■

Fußpilz

Nehmen Sie zweimal täglich Fußbäder, denen 9 Tropfen 7fL pro Liter zugefügt wurden. Zusätzlich können Sie noch ein paar Tropfen Teebaumöl (*Melaleuca alternifolia*) dazugeben, das stark antifungizid wirkt.

Auch das letzte Spülwasser beim Strümpfewaschen sollte 7fL enthalten. Bis zum völligen Abklingen der Beschwerden verzichten Sie am besten auf Tennisschuhe, Nylonstrümpfe und andere Fußbekleidung, die die natürliche Verdunstung des Fußschweißes behindern könnte.

Herpes-Infektion

Die Infektion mit diesem Virus ist in der Regel zwar nicht gefährlich, kann aber ausgesprochen unangenehm werden, weil sie mehr oder weniger regelmäßig auftritt. Der »Ausbruch« von *Herpes simplex* läßt in der Regel darauf schließen, daß Ihr Immunsystem momentan geschwächt ist, ob aufgrund von psychischem Streß oder anderen Infektionen wissen Sie selbst am besten.

■ Ganz gleich, ob die Herpesbläschen an den Lippen, den Genitalien oder an anderen Körperstellen auftauchen: Sobald Sie das erste »Ziepen« bemerken, betupfen Sie die Stelle mit 7fL oder legen Sie einen in 7fL getränkten Wattebausch auf. Wiederholen Sie diese Prozedur nach Möglichkeit eine Stunde lang alle 10 Minuten, danach etwa alle 2 Stunden.

Wunden und Verletzungen

Abschürfungen

Die Wunde vorsichtig säubern, indem Sie entweder 7fL direkt über die Abschürfungen träufeln und dann mit einem sterilen Tuch abtupfen oder einen sterilen, mit 7fL getränkten Lappen auflegen, der die Unreinheiten aufsaugt oder abhebt. Eventuell mit einer sterilen Pinzette kleine Steine, Sand etc. aus der Wunde entfernen. Schürfwunden brauchen in der Regel nicht verbunden zu werden, im Gegenteil ist es besser, wenn sie in Ruhe an der Luft trocknen können.

Nasenbluten

9 Tropfen 7fL in beide Nasenlöcher träufeln und nach Bedarf regelmäßig alle 10 bis 20 Minuten wiederholen, bei starker Blutung auch öfter. Auch eine kalte Kompresse, auf die Nasenflügel gelegt, ist äußerst wirkungsvoll. Die Kompresse regelmäßig alle 10 Minuten mit 9 Tropfen 7fL beträufeln und erneuern, wenn sie sich erwärmt hat.

Schnittwunden

Bei stark blutenden, aber nicht verschmutzten Wunden zunächst – falls möglich – den verletzten Körperteil hochlagern. Sterile Mullbinden oder im Notfall saubere Tücher in 7fL tränken und Wunde, Wundränder wie auch die Haut darum vorsichtig betupfen, bis die Blutung aufhört.

Falls die Blutung stark ist, verwenden Sie am besten Eiswasser oder Wasser mit Eiswürfeln unter Zugabe von 9 Tropfen 7fL. Sobald die Blutung nachgelassen hat, die Wunde vorsichtig verbinden. Eine Stunde lang alle 10 Minuten 9 Tropfen 7fL auf den Verband tropfen, ohne ihn abzunehmen.

Bei kleineren Schnitten reicht meist ein Pflaster, bis die Wunde vollständig abgeheilt ist.

Klaffende Wunden

Als Erste Hilfe gleich 9 Tropfen 7fL in und um die Wunde geben und möglichst alle 10 Minuten wiederholen. Bis der Arzt zu Hilfe kommt, die Wunde mit einem sterilen Verband zumindest notdürftig versorgen, dabei alle 10 Minuten 9 Tropfen 7fL auf den Verband träufeln.

Die Erfahrung hat gezeigt, daß die Blutung nach einer Behandlung mit 7fL schnell aufhört und die Wundheilung so rasch eintritt, daß Nähen oder Klammern oft nicht mehr nötig werden.

Schlecht heilende Wunden, entzündete Krampfadern

2 Handvoll Schachtelhalm-Blätter (*Equisetum*) in 2 Liter kaltem Wasser ansetzen und 18 Tropfen 7fL sowie 9 Tropfen 7fMJ (Medjugorje-Wasser) zufügen. Kurz erhitzen, aber nicht zum Kochen bringen. Abkühlen lassen, abseihen und bei Zimmertemperatur mit dem Sud die wunden Stellen abwaschen.

Sie können einen Teil der Mischung im Kühlschrank aufheben für die nächsten Anwendungen, die Sie mindestens zweimal am Tag wiederholen sollten.

Maria Gabriella Scalise aus Modena, 54 Jahre alt, kehrte von einem Ausflug ins Hochgebirge (bis auf 2300 Meter Höhe) zurück, als sie auf vereistem Schnee ausrutschte und über die Eisfläche glitt. Nach etwa 200 Metern brachte ihr Eispickel sie kurz vor einem tiefen Abgrund zum Halten, der sich dabei allerdings in ihren rechten Arm gebohrt hatte.
Die Wunden bluteten stark, und der Schock war natürlich gewaltig. Noch bevor man sie aus ihrer mißlichen Lage befreite, nahm Maria Scalise ihr Fläschchen mit 7fL aus dem Rucksack, träufelte das Lichtwasser so gut sie konnte in den Mund und auch auf die klaffenden Wunden. Und auch während des beschwerlichen Abstiegs wiederholte sie die Anwendung von 7fL immer wieder.
Als sie mit ihrer Hilfstruppe das Auto erreichte, bemerkt sie, daß praktisch kein Blut mehr zu sehen war. Deshalb bat sie darum, gleich nach Hause gefahren zu werden. Nach 10 Tagen war von den Verletzungen, auch der tiefen, zehn Zentimeter langen Wunde am rechten Arm, kaum noch etwas zurückgeblieben.

Dornen, Nägel etc. in der Haut

Bei diesen Wunden ist größte Vorsicht geboten, weil die Fremdkörper Krankheitskeime in den Körper bringen können. Nach dem Entfernen des Eindringlings sollte man nach Möglichkeit versuchen, die Wunde vorübergehend zum Bluten zu bringen, wodurch sie gewissermaßen von innen gereinigt wird. Dann legt man im Wechsel heiße und kalte Kompressen auf, die mit 9 Tropfen 7fL beträufelt wurden. Sobald die Wunde gut gesäubert ist, einen leichten Wundverband anlegen, dem 9 Tropfen 7fL aufgeträufelt wurden.

Biß- und Kratzwunden

Auch bei Verletzungen durch Haustiere oder wilde Tiere können gefährliche Krankheitserreger übertragen werden. Als Erste Hilfe geht man wie bei Wunden durch Dornen, rostige Nägel etc. vor. Je nach Ausmaß der Verletzung sollten sie aber in jedem Fall einen Arzt zu Rate ziehen. Vor und nach den Impfungen, die möglicherweise durchgeführt werden, sollten Sie reichlich 7fL trinken.

Insektenstiche

Sofort mit 7fL betupfen. Dann einen Wattebausch mit 7fL tränken, auf die Einstichstelle legen und eine Stunde oder länger alle 10 Minuten erneuern, um eine Schwellung zu verhindern. Zur Vorbeugung vor allergischen Reaktionen alle 10 Minuten 9 Tropfen 7fL einnehmen.

Prellungen und Verstauchungen

Sofort mit 7fL abtupfen. Dann schnellstmöglich Eiswasser zubereiten und mit 7fL informieren, um die Verletzung zu kühlen. In den ersten Stunden kalte Kompressen um die Verletzung anlegen, die jedesmal erneuert werden müssen, wenn sie sich erwärmt haben.

- Kalte Wickel vorbereiten: Ein dünnes Tuch mit kühlem 7fL tränken und leicht ausdrücken, dann auf die betroffene Stelle legen. Darüber ein leichtes trockenes Tuch legen und das Ganze mit einem warmen, wollenen Tuch umwickeln. Sie werden bemerken, daß der Schmerz damit schneller erträglich wird oder gar nicht erst auftritt und daß auch die Schwellung begrenzt bleibt.
- Sie können auch eine Heilerde-Packung mit 7fL anrühren und großzügig auf die Verletzung auftragen. Auch das Tuch, mit dem Sie die Heilerde abdecken, sollten Sie regelmäßig mit 9 Tropfen 7fL benetzen.

Gelenkschmerzen

Auch wenn man ein Gelenk zu stark beansprucht hat, vielleicht beim Sport oder bei einer ungewohnten Tätigkeit, kann man die Schmerzen mit einem Wickel oder einer Heilerde-Packung mit 7fL schnell lindern und die Heilung beschleunigen.

Muskelschmerzen und Nervenentzündungen

Testen Sie zunächst, welche Temperatur Ihnen an der betroffenen Stelle am angenehmsten ist; in der Regel lindert Kühle die Beschwerden. Bereiten Sie nun eine Schüssel mit Wasser der bevorzugten Temperatur vor und geben Sie 18 Tropfen 7fL und 18 Tropfen 7fSD (San-Damiano-Wasser) hinein. Tränken Sie leichte Leinen- oder Baumwolltücher darin und legen Sie diese dann auf die schmerzenden Körperbereiche. Decken Sie die feuchten Tücher mit einem trockenen Wolltuch ab und lassen Sie den Wickel etwa 2 Stunden einwirken.

- Eine Heilerdepackung unterstützt die Wirkung der Lichtwässer noch: Rühren Sie eine Portion Heilerde mit 7fL an und verteilen Sie die feuchte Masse auf dem Schmerzbereich. Auch diese Pakkung sollten Sie 1 bis 2 Stunden einwirken lassen. Das Auflegen von mit 7fL angefeuchteten Tüchern verzögert das Austrocknen der Masse.

Infektionen

Schnupfen

Träufeln Sie regelmäßig (mindestens alle 2 Stunden) im Wechsel 9 Tropfen 7fL und 9 Tropfen 7fSD (San-Damiano-Wasser) in die Nase oder ziehen Sie das Wasser einfach aus der Handfläche in die Nase ein. Je eher Sie die Lichtwässer anwenden, um so größer ist die Wahrscheinlichkeit, daß der Schnupfen abklingt, bevor er erst richtig zum Ausbruch gekommen ist.

Wenn die Haut der Nasenflügel bereits vom häufigen Schneuzen gerötet ist, dann betupfen Sie sie vorsichtig mit 9 Tropfen 7fSD.

Grippe und fiebrige Infekte

Bereiten Sie sich eine größere Tropfflasche vor: halb mit 7fL und halb mit 7fSD (San-Damiano-Wasser) gefüllt. Geben Sie eine Stunde lang alle 5 Minuten 9 Tropfen davon unter die Zunge. Falls Sie Fieber haben, nehmen Sie noch weitere zwei Tage lang jede Stunde (in der Sie wach sind) 9 Tropfen ein. Während der ganzen Zeit sollten Sie viel trinken: verdünnte, frisch gepreßte Fruchtsäfte, Wasser, Kräuter- und Früchtetees und Gemüsebrühe unterstützen den Heilungsprozeß.

Stirnhöhlenvereiterung

Ein Dampfbad nach folgendem Rezept vorbereiten: 2 Liter Wasser zum Kochen bringen und von der Herdplatte nehmen, 3 EL Kamillenblüten oder Calendulablüten dazugeben, 10 Minuten ziehen lassen, abseihen und nochmals kurz erhitzen, aber nicht kochen.

Geben Sie 18 Tropfen 7fL und 18 Tropfen 7fSD (San-Damiano-Wasser) hinzu, legen Sie einen Deckel auf, damit der Dampf nicht entweicht, und stellen Sie den Behälter auf einen nicht allzu hohen Tisch oder ins Waschbecken. Setzen Sie sich, beugen Sie sich über das Gefäß, so daß Sie den Kopf bequem über dem Behälter in etwa 15 Zentimeter Abstand halten können. Decken Sie Kopf, Schultern und das Gefäß mit einem Tuch ab, so daß an keiner Stelle Dampf entweichen kann.

Nehmen Sie nun den Deckel ab und atmen Sie in tiefen Zügen, mit weit geöffneten Nasenflügeln, offenem Mund und (falls erträglich) bei offenen Augen den Dampf ein. Nach etwa 10 Minuten sollte noch etwas kochendes Wasser nachgeschüttet werden. Für die nächsten 2 Stunden sollten Sie größere Temperaturgefälle meiden, halten Sie sich angenehm warm. Wenn Sie diese Prozedur mehrere Tage lang wiederholen, werden die Symptome schnell abklingen.

Achtung: Wegen des feuchtheißen Dampfs sollten Asthmatiker auf diese Anwendung verzichten!

■ Mund und Zähne

Abszeß an den Zahnwurzeln

Legen Sie frische (oder auch getrocknete) Salbeiblätter (*Salvia officinalis*) in Lourdes-Wasser. Legen Sie jeweils ein Blatt auf den Abszeß, und erneuern Sie das Blatt ungefähr alle 20 bis 30 Minuten. Sie werden bemerken, daß die Vereiterung relativ schnell abklingt. Fahren Sie aber trotzdem noch einige Stunden mit der Behandlung fort. Und vor allem: Gehen Sie so bald wie möglich zum Zahnarzt!

Aphthen im Mund

Die quälenden weißen Flecke auf den inneren Schleimhäuten des Mundes, die oft eine Woche lang anhalten, sind möglicherweise auf einen Vitaminmangel zurückzuführen. Überprüfen Sie deshalb Ihre Ernährungsgewohnheiten.

Verrühren Sie einen EL Heilerde mit 7fL, bis Sie einen flüssigen Brei erhalten, und tupfen Sie diesen vorsichtig auf die betroffenen Stellen. Wiederholen Sie die Prozedur nach Möglichkeit zweimal täglich über drei Tage hinweg.

Belegte Zunge

Eine belegte Zunge läßt ebenfalls auf eine unausgewogene Ernährung oder auf gesundheitliche Störungen schließen. Falls Sie häufig oder gar ständig eine belegte Zunge haben, überprüfen Sie Ihre Ernährungs- und Lebensgewohnheiten. Zum Beispiel können sich späte und reichhaltige Abendmahlzeiten negativ auswirken. Ziehen Sie Ihren Arzt zu Rate.

Gegen das Symptom: Tauchen Sie eine saubere, weiche Zahnbürste in Lourdes-Wasser und bürsten Sie leicht über die Oberfläche der Zunge. Dies wird Ihnen sicherlich bald zu einer lieben Gewohnheit werden, denn Sie erhalten einen angenehmen Geschmack im Mund und einen frischen Atem.

Zahnfleischbluten

Wenn Sie zu Zahnfleischbluten neigen, sollten Sie der Mundhygiene besondere Sorgfalt widmen, zum Beispiel durch regelmäßiges Reinigen der Zahnzwischenräume mit Zahnseide. Lassen Sie sich beim Zahnarzt oder Apotheker zeigen, wie man am besten damit vorgeht.

- Massieren Sie außerdem regelmäßig das Zahnfleisch mit 7fL. Wenn das Zahnfleisch stark entzündet ist, bereiten Sie folgende Mischung zu: 2 EL Wasser, 9 Tropfen 7fL, 9 Tropfen 7fSD (San-Damiano-Wasser), 1 EL Apfelessig. Nach einigen Tagen können Sie den Anteil an Apfelessig erhöhen: 1 Teil Wasser und 1 Teil Essig.

Tip: Das Zahnfleisch mit 7fL zu massieren hat übrigens eine besonders belebende Wirkung. Wenn Sie eine lange Flugreise unternehmen und sich vor dem Jetlag schützen möchten, dann massieren Sie das Zahnfleisch noch einige Zeit vor der Landung kräftig mit 7fL, und wiederholen Sie die Massage auch nach Ankunft, damit Ihnen die Zeitumstellung leichter fällt.

■ Stoffwechsel allgemein

Anhaltende Müdigkeit und Abgeschlagenheit

Ein Bad, dem Sie 36 Tropfen 7fL zugefügt haben, wirkt enorm erfrischend. Wenn Sie allerdings abends baden und fürchten, nach diesem Muntermacher nicht schlafen zu können, dann fügen Sie zusätzlich 36 Tropfen 7fSD (San-Damiano-Wasser) hinzu.

Entschlacken

Ein ausgezeichnetes »Reinigungsmittel« ist Birkenextrakt (*Betula*): Vielleicht können Sie im Frühjahr beim Beschneiden Ihrer Birken im Garten den austretenden Pflanzensaft auffangen.

Dieses »Konzentrat« verdünnen Sie mit der gleichen Menge 7fL.

Ansonsten bereiten Sie einen Sud mit frischen oder getrockneten Birkenblättern, die Sie einfach mit kochendheißem Wasser übergießen. Die Mischung einige Zeit stehen lassen, dann die Blätter abfiltrieren. Trinken Sie täglich ein Glas dieser Flüssigkeit, dem Sie jeweils 9 Tropfen 7fL zugeben, morgens auf nüchternen Magen über mindestens 2 Wochen hinweg.

Montichiari-Wasser

Abkürzung: **7fMT** (7 Frequenzen, Montichiari)
Vorherrschende Energie: magnetisch
Schwingungsebene: 6 (Stoffwechsel)
Harmonische: 4 (Zellwachstum)
Vorwiegende Frequenzen: B und F
Resonanz: mit dem Entoderm (inneres Keimblatt)

Montichiari-Wasser ist allgemein dem Stoffwechsel zuträglich. Wenn Sie im folgenden also beispielsweise Hinweise für den Gebrauch bei Durchfall wie auch bei Verstopfung finden, ist das durchaus kein Widerspruch. Es handelt sich ja bei den Lichtwässern nicht um pharmazeutische Mittel, die ein bestimmtes Symptom unterdrükken sollen, sondern um ein harmonisierendes, ausgleichend wirkendes Medium. Wer Bach-Blütenextrakte mit 7fMT ansetzt, wird feststellen, daß solche Mischungen besonders wirksam sind. Und auch den kalten Guß nach jedem Saunagang können Sie mit Lichtwasser in seiner Wirkung auf den Stoffwechsel noch verstärken.

Montichiari-Wasser ist das ideale Wasser für schwangere Frauen. Werdende Mütter sollten während der ganzen Schwangerschaft alle Speisen und Getränke mit 9 Tropfen 7fMT »informieren«. Da dieses Lichtwasser die Verdaulichkeit und Verträglichkeit von Nahrungsmitteln erhöht, können Sie es auch generell in der Küche bereithalten, um die Bekömmlichkeit Ihrer Mahlzeiten zu unterstützen.

■ Magen

Magenverstimmung

Bei einer Magenverstimmung, die unter Umständen auf eine Unterkühlung oder auf eine heranziehende Grippe zurückzuführen ist, halten Sie eine Tropfflasche mit 7fMT bereit und nehmen Sie regelmäßig jeweils 9 Tropfen ein: alle 20 Minuten über eine oder mehrere Stunden hinweg, bei starken Beschwerden auch alle 5 Minuten oder sogar öfter. Den einmal gewählten Rhythmus sollten Sie über den Tag hinweg aber möglichst beibehalten, um die Wirkung optimal zu verstärken.

Übelkeit, Brechreiz

Wenn das Völlegefühl oder gar die Übelkeit auf eine allzu üppige Nahrungsaufnahme zurückzuführen ist, die ohnehin meist mit vermehrtem Durstgefühl einhergeht, dann können Sie ruhig soviel 7fMT trinken, wie Sie benötigen. Oder Sie nehmen einfaches Wasser als Durstlöscher, dem Sie pro Tasse 1 bis 2 TL Apfelessig und 9 Tropfen 7fMT zufügen.

- Sollten Sie keinen großen Durst haben, tropfen Sie regelmäßig über eine Stunde hinweg mindestens alle 10 Minuten im Wechsel je 9 Tropfen 7fMT und 7fSD (San-Damiano-Wasser) unter die Zunge.
- Ein Sud mit Kamillentee beruhigt den Magen-Darm-Trakt: 2 EL Kamillenblüten in 1 Liter kaltem Wasser ansetzen, zum Kochen bringen und drei Minuten bei kleiner Flamme weiterkochen lassen. 12 Tropfen 7fMT und 6 Tropfen 7fMJ (Medjugorje-Wasser) zufügen und nach Belieben warm oder kalt trinken.
- Wenn Sie eine Übelkeit in der Regel mit ätherischem Minzöl behandeln, dann vermischen Sie es doch mit 9 Tropfen 7fMT. Träufeln Sie die Mischung wie üblich auf ein Taschentuch und schnuppern Sie daran. Sie werden bemerken, daß es trotz der »Verdünnung« mit dem Lichtwasser angenehmer und nachhaltiger duftet und daß seine wohltuende Wirkung stärker zur Geltung kommt.
- Wenn die Übelkeit auf Nebenwirkungen von Medikamenten zurückzuführen ist, erhöhen Sie die tägliche Menge von 7fMT und nehmen Sie Ihre »Tagesration« insbesondere vor und nach den Medikamenten ein.
- Gegen Unwohlsein und Erbrechen während der Schwangerschaft wirkt 7fMT besonders gut. Aber auch, wenn Sie solche Beschwerden nicht haben:

Trinken Sie während der gesamten Schwangerschaft viel 7fMT und fügen Sie es den Speisen zu.

- Das typische Unwohlsein nach einer stark belastenden chemischen Therapie zum Beispiel gegen Krebsgeschwüre kann erheblich vermindert werden, wenn man täglich (auch an Tagen, an denen man keine Behandlung erhält) reichlich 7fMT trinkt: mindestens 3 Tropfen des Lichtwassers pro Kilogramm Körpergewicht dreimal täglich einnehmen. Die Wirkung wird noch dadurch erhöht, daß man allen Speisen und Getränken je 9 Tropfen 7fMT zufügt.

Lebensmittelunverträglichkeiten

Dieses Thema ist hochaktuell, da leider immer weiter verbreitet, wenn auch von »klassischen« Allergologen zuweilen noch angefochten. Wenn Sie den Verdacht haben, daß Ihnen ein Lebensmittel nicht bekommt, dann lohnt in jedem Fall der Versuch mit 7fMT, am besten in Verbindung mit 7fL (Lourdes-Wasser): Nehmen Sie vor dem Essen jeweils 9 Tropfen davon ein und beträufeln Sie auch den mutmaßlichen »Störenfried« mit je 9 Tropfen der Lichtwässer.

■ Darm

Blähungen

Achten Sie darauf, alle Speisen und Getränke in Ruhe zu verzehren, gut zu kauen und keine Luft mitzuschlucken.

- Speisen, die bei Ihnen Blähungen hervorrufen (z.B. Hülsenfrüchte, Artischocken, Zwiebeln oder Kohl), behandeln Sie am besten vorsorglich mit 7fMT. Getrocknete Hülsenfrüchte weichen Sie in 7fMT ein, darin kochen sie außerdem schneller. Die blähenden Gemüse können unter Zugabe von 7fMT gekocht, gedünstet oder gegrillt werden.
- Fenchelsamentee vor dem Essen: Bringen Sie 1 Liter Wasser zum Kochen, geben Sie einen gehäuften EL Fenchelsamen dazu und lassen Sie das Ganze bei kleiner Flamme 3 Minuten lang weiterkochen. Nehmen Sie den Tee vom Herd, lassen Sie ihn noch etwa 15 Minuten durchziehen, dann abseihen. Schließlich geben Sie 27 Tropfen 7fMT hinzu.

  Der Tee kann ohne weiteres 3 Tage lang im Kühlschrank in einem geschlossenen Glasgefäß aufgehoben werden. Erwärmen Sie jeweils eine Tasse davon vor dem Essen und trinken den lauwarmen Tee in kleinen Schlucken.
- Zum Essen sollten Sie nach Möglichkeit nichts trinken, allenfalls 7fMT in ganz kleinen Schlucken. Dazu dürfen Sie das Lichtwasser ausnahmsweise mehrfach abkochen: Füllen Sie 1 Liter Wasser in einen Topf, geben Sie 9 Tropfen 7fMT hinzu und bringen Sie das Wasser zum Kochen. Wenn es sprudelnd kocht, heben Sie den Topf für einen Moment etwas von der Herdplatte ab und setzen Sie ihn dann wieder auf die Platte, bis

das Wasser erneut stark zum Kochen kommt. Wiederholen Sie diesen Vorgang mehrmals. Das Wasser verliert zwar dadurch etwas von seiner Schwingungsintensität, ist aber besonders wirksam bei Blähungen und auch bei Schluckauf.

Blähungen bei Kleinkindern

Säuglinge und Kleinkinder, die ohne ersichtlichen Grund schreien, leiden oft unter Blähungen, die sehr schmerzhaft sein können. Geben Sie 9 Tropfen 7fMT ins Babyfläschchen oder träufeln Sie 9 Tropfen 7fMT direkt in den Mund des Kindes, bevor es gefüttert wird. Auch die ersten Babybreie sollten Sie mit 7fMT ergänzen, um die Verträglichkeit zu erhöhen.

Durchfall

Durchfall kann recht verschiedene Ursachen haben. Wenn der Körper versucht, sich von Giftstoffen oder für ihn unverträglichen Substanzen zu befreien, dann sollte man ihn bei dieser Aufgabe unterstützen, die Heilung wird um so schneller voranschreiten. Ein Klistier, ein sanfter Einlauf, leistet in solchen Fällen vorzügliche Hilfe. Sie können dazu schlichtes, vorher abgekochtes Trinkwasser, Kamillentee oder auch schwarzen Kaffee benutzen. Schwarzer Kaffee regt in Form eines Klistiers die Gallentätigkeit an und fördert die Entgiftung des Körpers. In den Vereinigten Staaten ist diese Methode bei naturheilkundlich orientierten Ärzten bereits weit verbreitet.

- In jedem Fall sollte das Wasser warm sein, um den ohnehin gereizten Darm zu beruhigen: Geben Sie der Flüssigkeit 36 Tropfen 7fMT und 36 Tropfen 7fSD (San-Damiano-Wasser) hinzu.
- Das größte Risiko bei wiederholtem, wäßrigem Durchfall ist der Flüssigkeitsverlust. Deshalb sollte man vor allem bei Kleinkindern und bei älteren Menschen darauf achten, daß durch Trinken wieder genügend Flüssigkeit zugeführt wird. Man kann einfaches Wasser, Kräutertee oder auch leichten schwarzen Tee geben, der eine zusammenziehende Wirkung hat. Die Tees dürfen mit etwas Honig versüßt werden. Auch Getränke oder Speisen mit frischem Joghurt sind sinnvoll, weil sie den Wiederaufbau einer gesunden Darmflora unterstützen. Eine nicht zu fette Gemüse- oder Fleischbrühe hilft, den Mineralhaushalt wieder ins Lot zu bringen.
- Alle Getränke und Speisen sollten Sie grundsätzlich mit 9 Tropfen 7fMT versehen. Zusätzlich können Sie regelmäßig Montichiari-Wasser auch tropfenweise einnehmen, je nach Schwere des Durchfalls etwa dreimal pro Minute oder pro Stunde.

Verstopfung

Die Ursache einer chronischen Verstopfung sollte unbedingt genau untersucht werden. Dabei ist meist eine ganzheitliche Behandlung erforderlich, weil nicht nur die Ernährungs- und Eßgewohnheiten, sondern auch grundsätzlich der Lebensstil, die psychische Situation, Bewegungsmangel und womöglich besondere körperliche Merkmale wie eine zu spärliche Produktion von Gallenflüssigkeit eine Rolle spielen.

Äußere Anwendung

Morgens während der Körperpflege eine kleine Schüssel mit kühlem 7fMT bereitstellen. Fügen Sie eventuell auch 7fL und 7fMJ zu. Mit der Hand hineintauchen und etwas Wasser aufnehmen, dann mit leichten oder auch energischeren kreisenden Streichbewegungen den Bauch massieren.

Dabei beginnt man jeweils rechts unten in der Schenkelbeuge und bewegt die Hand im Uhrzeigersinn kreisend nach oben, dann knapp unter der Taille von rechts nach links und dort wieder abwärts zur linken Beinbeuge. In diesem Bereich liegt nämlich der natürliche Verlauf des Dickdarms, der durch die Massage auch mechanisch in seiner Tätigkeit angeregt wird. Dabei immer wieder die Hand in die Schüssel tauchen, um frisches 7fMT zu schöpfen.

Innere Anwendungen

Morgens nach dem Aufwachen ein oder zwei Gläser Wasser trinken, denen jeweils 9 Tropfen 7fMT zugefügt wurden. Die Wassertemperatur bleibt dabei Ihnen überlassen: Beobachten Sie, ob Ihr Darm besser mit heißem, warmem, kühlem oder kaltem Wasser »wach wird«. Sollte das Glas Wasser nicht genügen, träufeln Sie 5 Minuten lang alle 20 Sekunden 9 Tropfen 7fMT unter die Zunge.

- Eine Zitrone auspressen, eine Tasse heißes Wasser auf den Saft gießen, 9 Tropfen 7fMT zufügen und so heiß wie möglich trinken.
- Die regelmäßige Anwendung der Basisanwendung (vgl. Seite 56) führt meist zu einer Normalisierung der Darmtätigkeit.
- Falls der Stuhlgang besonders hart ist, gelegentlich kühle oder lauwarme Klistiere mit 7fMT anwenden. Die Menge des Klistierwassers ist dabei abhängig von der individuellen Reaktion: Unter Umständen genügt ein ganz geringer kühler oder kalter Anreiz, um den Enddarm in Bewegung zu setzen. Bei manchen Menschen hingegen müssen mehrere Klistiere hintereinander verabreicht werden, damit der Darm sich ausreichend entleert.

Aber Vorsicht: Klistiere sollten, ähnlich wie Abführmittel, nicht gewohnheitsmäßig angewandt werden (siehe auch Jean Pütz: Hobbythek – Darm & Po, Köln 1996)

Hämorrhoiden

Die äußerliche Anwendung von 7fMT bringt zwar meist in kurzer Zeit eine gewisse Linderung, ist aber nur als symptomatisch zu betrachten. In jedem Fall sollte nach der zugrundeliegenden Ursache der Hämorrhoiden geforscht und vorgegangen werden. Vor dem Mittagessen regelmäßig ein Glas Wasser oder Kräutertee mit 9 Tropfen 7fMT trinken.

- Kühle oder kalte Sitzbäder mit 36 Tropfen 7fMT. Diese Sitzbäder sollten nach Möglichkeit mehrmals täglich durchgeführt werden, zumindest aber nach jedem Gang zur Toilette.
- Vor allem bei Schmerzen oder starkem Juckreiz helfen kalte Kompressen, die jedesmal erneuert werden sollten, sobald sie sich erwärmen. Man kann dazu einfach kaltes Trinkwasser benutzen oder aber mit Eichenrinde oder 1 EL Apfelessig versetztes Wasser. In jedem Fall 18 Tropfen 7fMT in die Schüssel mit der Flüssigkeit zufügen.
- Kühle oder kalte Waschungen mit 7fMT. Dabei sollte man aber darauf achten, nur sanft zu tupfen und auch bei starkem Juckreiz nie kräftig zu reiben, da sonst die ohnehin empfindliche Haut noch stärker gereizt würde.
- Rühren Sie zwei EL Heilerde mit soviel 7fMT an, daß ein leicht flüssiger Brei entsteht. Streichen Sie diesen auf die entzündeten Stellen und rings um die Hämorrhoiden auf und ruhen Sie in Bauchlage in einem warmen Raum. Nach spätestens 14 Minuten spülen Sie die Heilerde mit der Dusche oder in einem Sitzbad lauwarm ab. Spülen Sie mit 7fMT nach.

Wenn Sie eine Heilerde-Packung für einige Stunden oder sogar die ganze Nacht über einwirken lassen wollen, dann sollten Sie eine größere Menge Heilerde, d. h. ungefähr 300 g mit 7fMT anrühren und außerdem 1 bis 2 EL reines Olivenöl oder ein anderes, möglichst kaltgepreßtes Pflanzenöl hinzugeben, damit die Packung lange weich und geschmeidig bleibt. Bedecken Sie die Packung mit einem Baumwoll- oder Leinentuch und legen Sie ein großes Wolltuch darüber, damit Sie nicht auskühlen.

Körpergewicht

Bei Schwierigkeiten, ein gesundes und individuelles Idealgewicht zu erreichen oder zu halten, sollten Sie nicht nur Ihre Ernährungsgewohnheiten, sondern Ihre Lebensgewohnheiten überprüfen. Zuviel Fertigprodukte und Süßigkeiten in Kombination mit zuwenig Bewegung schaden Ihnen. In jedem Fall sollten Sie Montichiari-Wasser in Ihren Tagesablauf mit einplanen.

Übergewicht

Beim Aufwachen gleich 2 Gläser Wasser mit je 9 Tropfen 7fMT trinken. Über den Tag verteilt und außerhalb der Mahlzeiten mindestens 1 bis 1,5 Liter 7fMT trinken, und zwar möglichst in kleinen Schlucken, die lange im Mund behalten und sozusagen »gekaut« werden. Jedesmal, wenn Sie ein »unberechtigtes« Hungergefühl überfällt, nehmen Sie einen Schluck von dem Lichtwasser, besser sogar noch vor dem »Anfall«, damit der Magen nie leer bleibt. Wenn es sich um »falschen« Hunger handelt, was bei Übergewichtigen nicht selten der Fall ist, dann wird dieses unangenehme Gefühl im Magen bald verschwinden.

Untergewicht

Wenn Sie nicht so viel auf einmal essen können, legen Sie kleine Zwischenmahlzeiten in einer ausgewogenen Zusammensetzung ein. Geben Sie auf alles, was Sie essen oder trinken, je 9 Tropfen 7fMT und 7fMJ und tropfen Sie auch zwischendurch immer wieder beide Wässer unter die Zunge oder direkt in den Mund.

■ Frauen

Montichiari-Wasser kann generell als das »Wasser der Frauen« angesehen werden, da gerade »Frauenprobleme« zu seinen typischen Anwendungsgebieten gehören.

Blasenentzündung

Das Simillimum für entzündliche (»elektrische«) Vorgänge ist im allgemeinen Lourdes-Wasser, und auch bei einer Blasenentzündung würden Sie damit nicht fehlgreifen. Allerdings entstammen Nieren, Blase und Harnleiter dem Mesoderm (mittleres Keimblatt), das eine starke Resonanz zu polarisierten Wässern wie 7fMJ (Medjugorje-Wasser) oder 7fFT (Fatima-Wasser) hat. Bei Schmerzen geben Sie noch 7fSD hinzu.

Da aber mehr oder weniger chronische Blasenentzündungen häufig auf Stoffwechselstörungen zurückgehen, spielt 7fMT auch hier eine wirksame Rolle. Sie können also zwei oder mehr Lichtwässer, gemischt oder im Wechsel, anwenden, und zwar sowohl innerlich wie äußerlich:

- Vorbeugende Maßnahmen: regelmäßig ein- oder zweimal täglich kühle Waschungen mit 7fL vornehmen.
- Ein warmes Sitzbad mit 36 Tropfen 7fL und 7fMJ oder 7fSD. Das Sitzbad kann natürlich nach Belieben auch aus einem Kamillen- oder Malvensud bestehen. Fügen Sie aber die Lichtwässer erst in dem Moment hinzu, in dem Sie den Sud in das Sitzbecken geben.
- Lauwarme Waschungen: Reiben Sie dabei mehrmals den ganzen Unterleib mit einem feuchten Tuch ab, dem Sie 18 Tropfen Lichtwasser aufgeträufelt haben.
- Warme Kompressen: Erhitzen Sie ungefähr ½ Liter Wasser, fügen Sie 9 Tropfen 7fMT sowie eventuell 9 Tropfen 7fL, 7fMJ oder 7fSD zu, tauchen Sie ein Frotteetuch hinein und wringen Sie es gut aus. Legen Sie das Tuch auf den Unterleib oder umwickeln Sie damit die Lendengegend. Trockene Tücher und warme Decken darübergelegt (eventuell zusätzlich eine Wärmflasche), halten Sie warm. Lassen Sie die Kompresse wirken, solange die wohltuende Wärme anhält.
- Kneippscher Leibwickel: Bereiten Sie ein feuchtes, gekühltes Tuch vor, das Sie mit 7fMT, 7fL, 7fSD oder 7fMJ besprenkelt haben. Legen Sie das Tuch um den Leib und wickeln Sie darüber

ein trockenes Tuch und eine warme, wollene Decke. Bei dieser Anwendung sollten Sie nach Möglichkeit im Bett bleiben, damit der Wickel nicht verrutscht. Lassen Sie den Wickel mindestens ein bis zwei Stunden wirken.

Wiederholen Sie die Anwendung täglich auch noch einige Tage nach Abklingen der Beschwerden. Vor allem, wenn Sie zu häufigen Blasenentzündungen neigen, sollten Sie diese Methode mit Beharrlichkeit anwenden, um die Abwehrkräfte des Organismus zu stärken.

■ Innere Anwendung: Mindestens einen Monat lang regelmäßig das Trinkwasser, Kräutertees und Fruchtsäfte mit jeweils 9 Tropfen 7fMT versetzen oder aber die Basisanwendung (vgl. Seite 56) durchführen.

Unterleibsbeschwerden

Bei Regelschmerzen legt man am besten einen warmen feuchten Wickel, dem 9 Tropfen 7fMT zugefügt wurden, auf den Unterleib und hält das Ganze durch Auflage einer Wärmflasche so lange wie möglich warm. Je nach Bedarf mehrmals erneuern.

■ Bei prämenstruellen Beschwerden (also vor Einsetzen der Menstruation) wie Empfindlichkeit der Brüste, Aufgedunsenheit, Stimmungsschwankungen, Nervosität usw. hilft ein Bad mit je 36 Tropfen 7fMT und 7fFT (Fatima-Wasser) oder auch bereits nach einer warmen Dusche das Besprühen des Körpers mit 7fMT. Auch sanfte Massagen des Unterleibes und der Brüste mit dem Lichtwasser wird meist als sehr angenehm empfunden und entspannt.

■ Bei unregelmäßigem Menstruationszyklus die Basisanwendung (vgl. Seite 56) durchführen. Falls Ihnen der Gynäkologe Spülungen verordnet, können Sie der Spülflüssigkeit 9 Tropfen 7fMT pro Liter zufügen.

Bei Entzündungen im Unterleib helfen Waschungen oder Sitzbäder mit je 36 Tropfen 7fMT, 7fMJ (Medjugorje-Wasser) und 7fSD (San Damiano-Wasser).

■ Männer

Prostatabeschwerden

Gegen Probleme mit der Vorsteherdrüse (Prostata) und beim Harnlassen im Alter können Männer bereits vorbeugend etwas tun. Vor allem Männer über 40 sollten regelmäßig ungesalzene Kürbiskerne (am besten steyerische mit weicher Schale) verzehren. Die Basisanwendung (vgl. Seite 56) sollte mindestens einen Monat lang, nach Möglichkeit aber über einen längeren Zeitraum durchgeführt werden.

■ Bei akuten Beschwerden wirken Kompressen besonders lindernd: Nach Kneippschem Prinzip einen dünnen Lappen in kühles 7fMT tauchen, leicht auswringen und zwischen Hoden und After legen. Ein trockenes Tuch darüberlegen und ein warmes, wollenes Tuch so befestigen, daß die Kompresse nicht rutscht. Ein doppelter Wikkel nach der gleichen Methode wird über dem ganzen Unterleib angelegt und hilft ebenfalls gegen die Beschwerden. Der Wickel wie auch die Kompresse sollten im Liegen angewendet werden. Gönnen Sie sich etwas Ruhe dabei.

Stoffwechsel allgemein

Grippale Infekte

Wenn es Sie erwischt hat, nehmen Sie alle 10 Minuten 9 Tropfen 7fMT und 7fMJ (Medjugorje-Wasser) ein, bis die akuten Beschwerden abklingen. Danach reichen alle 2 Stunden je 9 Tropfen bis zur völligen Genesung aus.

Falls die Erkältung mit starkem Husten einhergeht, nehmen Sie zusätzlich auch je 9 Tropfen 7fSD (San-Damiano-Wasser) ein. Sie können in diesem Fall auch eine große Tropfflasche mit einer Mischung der beiden Lichtwässer bereitstellen. In diesem Fall genügen 9 Tropfen der Mischung.

Schwellungen, Prellungen, Verrenkungen, Blutergüsse

Als Erste Hilfe lindern Eispackungen oder kühle Wickel mit einigen Tropfen 7fMT die Schwellung. Danach unterstützen Kneippsche Wickel (vgl. Seite 17) mit 7fMT das zügige Abklingen der Beschwerden. Falls die Verletzung besonders schmerzhaft ist, geben Sie auch 7fSD (San-Damiano-Wasser) hinzu.

Medjugorje-Wasser

Abkürzung: **7fMJ** (7 Frequenzen, Medjugorje)
Energie: polarisiert
Schwingungsebene: 5 (Immunsystem)
Harmonische: 5 (Immunsystem)
Vorwiegende Frequenzen: C, D und E
Resonanz: zum Mesoderm (mittleres Keimblatt)

Dieses Wasser ist besonders geeignet für alle Probleme, die die »Struktur« betreffen, also Knochen, Muskeln und Gelenke. Außerdem hat das Medjugorje-Wasser, aufgrund der Frequenz D (20 Hz) starken Bezug zur »Achse«, d. h. zur aufrechten Haltung. Deshalb werden Rücken- und Wirbelsäulenprobleme besonders erfolgreich mit diesem Lichtwasser behandelt.

Körperhaltung

Kein Mensch ist hundertprozentig symmetrisch. Vor einem großen Spiegel werden Sie entdecken, daß vielleicht ein Auge eine Winzigkeit höher liegt als das andere. Und auch das Skelett ist nicht auf beiden Seiten identisch gebaut. Deshalb nehmen wir unbewußt bestimmte Haltungen ein, die einige Muskelpartien und Gelenke stärker belasten als andere. Da Körperhaltungen meist zur Gewohnheit werden, sind dadurch also einzelne Muskelstränge ständig verkürzt oder sogar verkrampft, um den Körper trotzdem im Gleichgewicht zu halten.

So erstaunlich es klingen mag: Das Auftragen von 9 Tropfen 7fMJ nach bestimmten Regeln vermag ganze Körperteile zu entspannen und so die Symmetrie wiederherzustellen:

- Stellen Sie sich vor den Spiegel und beobachten Sie, ob eine Schulter höher steht als die andere und welche Körperseite verspannter, stärker »zusammengezogen« ist, d.h. kürzer erscheint. Geben Sie je 9 Tropfen 7fMJ und 7fSD (San-Damiano-Wasser) in eine Handfläche und tauchen Sie die Kuppe des Mittelfingers der anderen Hand hinein. Reiben Sie damit leicht im Uhrzeigersinn auf dem Hinterhauptbein der entspannteren Seite (meist der tiefer hängenden Schulter), gegen den Uhrzeigersinn auf der verspannteren Seite (meist auf der Seite der höherstehenden Schulter).

Wer zum Beispiel Shiatsu oder die Reflexzonenmassage kennt, dem ist vermutlich geläufig, daß rechtsdrehende oder sich im Uhrzeigersinn bewegende Massage anregt und stärkt, in entgegengesetzter Richtung hingegen entspannend wirkt.

- In der kleinen Grube, die sich gleich unter dem unteren Rand des Schädels am Hinterkopf befindet, tragen Sie mit dem Mittelfinger 7fMJ in kleinen kreisenden Bewegungen auf: einmal rechtsherum, einmal linksherum, stets im Wechsel, eine Minute lang. Auf das Steißbein tragen Sie ebenfalls 9 Tropfen 7fMJ auf. Zusätzlich können Sie mit den Handflächen den ganzen Rücken von der Wirbelsäule zu den Seiten hin mit Medjugorje-Wasser bestreichen.

Auch wenn Sie sofort eine positive Wirkung bemerken, sollten Sie dennoch mit Ausdauer und Regelmäßigkeit vorgehen. Die unsymmetrische Körperhaltung haben Sie sich schließlich auch in vielen Jahren der Gewöhnung angeeignet, die erst rückgängig gemacht werden muß.

Gleichgewichtsstörungen

Bei anhaltenden Störungen des Gleichgewichts ist in jedem Fall eine genaue Untersuchung notwendig. Häufig sind aber auch schon Wachskegel zur sanften, aber gründlichen Reinigung der Ohren eine große Hilfe.

7fMJ steht in besonderer Resonanz zu allen Symmetrie- und Gleichgewichtsfunktionen des Körpers. Verwenden Sie es daher nach Belieben innerlich (je 9 Tropfen in Speisen und Getränken) und äußerlich in Form von Packungen, Waschungen und in Bädern.

Rückenschmerzen

Man könnte annehmen, es gibt so viele Arten von Rückenschmerzen wie Patienten: Ursachen und Symptome sind so weit gefächert und komplex, daß jeder Fall zum Einzelfall wird. Gerade deshalb aber kann hier das Medjugorje-Wasser helfen, vor allem in Verbindung mit anderen Methoden (aber möglichst keine »Radikalkuren«).

Selbst bei starken Schmerzen ermöglicht die Anwendung von 7fMJ in vielen Fällen, den Gebrauch von starken Schmerzmitteln zu reduzieren. Besonders erfolgreich ist in diesem Zusammenhang die Aurikulotherapie (Ohrakupunktur nach Nogier, vgl. Seite 37), wenn der benutzte Stift mit 7fMJ »informiert« wurde. Sprechen Sie mit einem Fachmann darüber.

Sauna

Die wohltuende Wärme der Sauna entspannt die verkrampfte Muskulatur bis in die Tiefe und fördert deren Durchblutung. Den abkühlenden Guß kann man mit 7fMJ durchführen. Oder aber man reibt sich nach jedem Saunagang mit einem in kaltes 7fMJ getränkten Tuch ab oder wickelt sich in ein Laken ein, das in kaltes 7fMJ getaucht wurde.

Kalt duschen oder in ein kaltes Schwimmbekken tauchen ist zwar ein wunderbares Kreislauftraining, kann aber bei Menschen, die unter akuten Rückenschmerzen leiden, eine zu heftige Kontraktion (Zusammenziehen) der Muskulatur hervorrufen, die aber ja gerade vermieden werden soll.

Ein Dampfbad oder türkisches Bad wirkt ebenfalls sehr entspannend und entgiftend. Dem Wasser, aus dem der Dampf gewonnen wird, können ätherische Öle zugefügt werden (z.B. Orange, Mandarine, Petit-Grain, Lavendel, Rosenholz, Lemongrass, Kamille, Zeder) und natürlich 9 Tropfen 7fMJ pro Liter Wasser.

■ Knochen und Gelenke

Viele Gelenkerkrankungen gehen auf Stoffwechselstörungen zurück. Deshalb sollte »Entgiften« und »Entschlacken« bei diesen Beschwerden immer ganz groß geschrieben werden: Also vor allem genügend trinken. Die geeignete Flüssigkeitsmenge ist individuell verschieden je nach Konstitution, Alter, Tätigkeit und allgemeinen Ernährungsgewohnheiten (Essen von Obst, Salaten, Suppen) und bewegt sich zwischen 2 und 3 Liter täglich.

■ Diese Flüssigkeitsmenge sollte aus reinem Wasser und auch zum Teil aus speziellen Kräutertees sowie Frucht- und Gemüsesäften bestehen. Besonders geeignet sind als Tee: Weidenrinde, Brennessel, Löwenzahn und Wacholderbeeren (auch nüchtern gekaut). Dazu täglich 1 bis 2 Gläser frischgepreßten Saft aus rohen Kartoffeln, den man geschmacklich zum Beispiel mit Möhrensaft aufbessern kann, oder 1 bis 2 EL frischen Löwenzahnsaft in 1 Glas warmem Wasser verdünnen. Allen diesen Getränken fügt man 9 Tropfen 7fMJ zu.

Rheuma, Knochenerkrankungen

10 frische oder getrocknete Salbeiblätter waschen und mit einer Tasse Wasser kurz aufkochen. 9 Tropfen 7fMJ zufügen und morgens warm auf nüchternen Magen trinken.

***Mariangela di Cagno, 72 Jahre alt,** eilte wieder einmal zu schnell zum Bahnhof, wie es ihre Art ist – und stürzte unglücklich. Die Röntgenaufnahme ergab, daß der Meniskus aus der Kapsel gesprungen war. Es schmerzte sehr, und sie mußte natürlich das Bein ruhig lagern.*

Sie machte zehn Tage lang stündlich Umschläge mit Heilerde, die sie abwechselnd mit 7fMJ und 7fSD (San-Damiano-Wasser) anrührte. Mariangela konnte danach ihr Knie wieder einwandfrei bewegen und hatte keine schmerzhaften Rückfälle mehr.

Zur Vorbeugung gegen Osteoporose

Außer den wahrscheinlich hinlänglich bekannten Maßnahmen (gesunde Ernährung, genügend Bewegung, viel frische Luft und Tageslicht usw.) hier einige Tips:

- Wenn Sie Parmesankäse mögen, essen Sie gelegentlich ein Stückchen davon, beispielsweise zum Salat. Träufeln Sie aber jedesmal 9 Tropfen 7fMJ und 7fL (Lourdes-Wasser) darauf.
- 1 EL Schachtelhalm- oder Salbeiblätter in 1 Liter Wasser geben und kurz aufkochen lassen. Die Mischung 5 Minuten ziehen lassen, dann abseihen und abkühlen lassen. 9 Tropfen 7fL zufügen und im Kühlschrank aufbewahren. Morgens je eine Tasse nüchtern trinken.
- Basilikumtee: Einen Zweig (ca. 4 bis 5 Blättchen) frisches Basilikum oder 1/2 TL getrocknetes Basilikum in 2 Tassen kochendes Wasser werfen und 2 bis 3 Minuten ziehen lassen. Abseihen und je 9 Tropfen 7fMJ, 7fL und 7fMT zufügen.

Akute Schmerzen bei Arthrose und Arthritis

Ein- bis zweimal wöchentlich ein warmes Bad mit 2 Liter Haferstrohsud, 36 Tropfen 7fMJ und 36 Tropfen 7fL (Lourdes-Wasser) wirkt wahre Wunder gegen akute Schmerzen. Je nach Konstitution und Gesundheitszustand darf das Bad 20 bis 60 Minuten dauern. Auch Sprudelbädern setzt man 36 Tropfen 7fMJ zu. Die Massage durch die kleinenWasserstrahler wirkt besonders entspannend und lindernd.

- Bei akuten Schmerzen sind auch Wechselbäder eine Wohltat, denen je 36 Tropfen 7fMJ und 7fSD (San-Damiano-Wasser) zugefügt wurden. Da kaum jemand zwei Wannen zur Verfügung hat, kann man nach dem warmen Bad jeweils kurz kühl duschen oder sich am Waschbecken kalt abwaschen und dann gleich wieder in die warme Wanne steigen.

■ Heublumensäckchen (selbstgemacht oder im Reformhaus fertig gekauft) wirken entschlackend und schmerzlindernd. Man kann sie einsetzen, wenn der kranke Körperteil sich kalt anfühlt: Etwa 2 Liter Wasser zum Kochen bringen, von der Herdplatte nehmen, 18 Tropfen 7fMJ zufügen und den Heublumensack hineinlegen. Nach etwa 3 bis 4 Minuten herausnehmen, leicht ausdrücken und mit der Hand die Temperatur überprüfen. Auf die schmerzende Stelle legen und so abdekken und befestigen, daß die feuchte Wärme möglichst lange erhalten bleibt.

■ Auch Heilerde-Packungen sind wirkungsvoll bei Gelenkerkrankungen: Rühren Sie je nach Größe der Packung 2 bis 10 EL Heilerde mit 7fMJ und 7fSD (San-Damiano-Wasser) an. Tragen Sie die Masse dick auf die schmerzenden Stellen auf und decken Sie die Stelle mit einem Baumwoll- oder Leinentuch ab. Eine Wolldecke darüber sollte den Körper warmhalten. Die Packung danach mit 7fMJ abwaschen.

■ Stoffwechselerkrankungen

Allgemeine Schwäche und Müdigkeit

1 EL getrocknete Hartheublätter (*Hypericum perforatum*) 15 Minuten lang in ½ Liter Wasser leicht kochen, 10 Minuten ziehen lassen, abseihen. Nüchtern je eine Tasse unter Zugabe von 9 Tropfen 7fMJ trinken.

Lebererkrankungen

Bei beginnenden Leberproblemen versuchen Sie es mit diesem Rezept: 2 frische oder ½ TL getrocknete Absinthblätter in 2 Liter kochendes Wasser geben, gleich vom Herd nehmen und nach 5 Minuten abseihen. 18 Tropfen 7fMJ zufügen und im Kühlschrank aufheben. Einen Monat lang vor den Mahlzeiten ein Glas des Tees mit zusätzlich jeweils 9 Tropfen 7fL und 7fMJ trinken. Eventuell mit etwas Honig süßen, denn der Tee schmeckt etwas bitter.

Gestörte Nierenfunktion

Die lebenswichtige Filterfunktion der Nieren ist vor allem auch von einer ausreichenden Flüssigkeitszufuhr abhängig. Die meisten Menschen hierzulande trinken zu wenig, vor allem zu wenig Wasser. Wer nicht sicher ist, daß er täglich mindestens zwei Liter Wasser trinkt, sollte es sich zur Gewohnheit machen, morgens eine Flasche Wasser neben seinen Arbeitsplatz zu stellen, damit er jederzeit zugreifen und einen Schluck davon nehmen kann. Darüber hinaus kann man die Nierenfunktion unterstützen, indem man 9 Tropfen 7fMJ pro Liter in das Trinkwasser zugibt.

■ Ein Tee, der besonders harntreibend wirkt, wird mit 1 TL Queckewurzeln hergestellt: In ½ Liter

Wasser leicht aufkochen lassen, 2 Minuten weiterkochen, etwas abkühlen lassen und 9 Tropfen 7fMJ zugeben. Noch warm trinken.

- Die Nierentätigkeit wird auch durch spezielle Bäder unterstützt: Ein 25minütiges Vollbad bei 37 Grad Celsius unter Zugabe von Haferstrohsud und 36 Tropfen 7fMJ oder auch ein kurzes Sitzbad bei 30 Grad Celsius, währenddessen man die Füße in Wasser von 38 bis 40 Grad Celsius taucht, regen die Nieren an.

Bei einer akuten Nierenentzündung sollten Sie allerdings einen Arzt aufsuchen und auf solche Anwendungen verzichten.

- Bei chronischen Nierenbeschwerden lindern heiße Packungen mit Haferstroh die Symptome: 2 Handvoll Haferstroh in 1/2 Liter kochend heißes Wasser geben, 9 Tropfen 7fMJ zufügen, 2 bis 3 Minuten ziehen lassen, mit einem Schöpflöffel auf ein Tuch geben und auf die Nieren legen. Kontrollieren Sie die Temperatur: Die Packung muß sich heiß anfühlen, aber Sie dürfen sich natürlich nicht verbrennen. Vielleicht wickeln Sie noch ein oder zwei Handtücher um die Packung und legen sie dann erst auf die Nierengegend.
- Warme, aber kurze Haferstrohbäder (nur 10 Minuten) mit 36 Tropfen 7fMJ, Lindenblüten- oder Brennesseltees, unter Zugabe von 9 Tropfen 7fMJ und wöchentliche Saunabesuche inklusive Abkühlung mit 7fMJ bringen die Nieren wieder auf Trab.

»Seekrankheit«

Das typische Unwohlsein kann sich sowohl auf See als auch bei Auto- und Busfahrten einstellen. Versuchen Sie es mit folgenden einfachen Mitteln (vgl. auch »Übelkeit« auf Seite 69): Geben Sie 9 Tropfen 7fMJ auf eine Zitronenhälfte und lutschen Sie diese aus. Wenn Sie nicht sicher sind, ob die Zitrone tatsächlich ungespritzt ist, sollten Sie die Schale vorher gründlich unter heißem Wasser abbürsten.

Entzündungen

Atemwege: Asthma und Bronchitis

20 g Eukalyptusblätter, 15 g Melissenblätter oder -spitzen und 10 g Tannensprossen in 2 Liter kaltem Wasser ansetzen. Langsam zum Sieden bringen, aber vor dem Kochen vom Herd nehmen und noch 10 Minuten zeihen lassen. Abseihen und 18 Tropfen 7fMJ zufügen. Eventuell mit Honig süßen und morgens warm auf nüchternen Magen sowie nachmittags zwischen den Hauptmahlzeiten jeweils 1 Glas trinken, bis alle Symptome abgeklungen sind. Jedem Glas am Nachmittag nochmals 9 Tropfen 7fMJ zugeben.

Magen und Darm

Je 20 g frische Salbeizweige und frischen Rosmarin waschen und in 1/2 Liter Wasser geben. Erhitzen und kurz vor dem Kochen (darf nicht zum Kochen kommen!) vom Herd nehmen, abdecken und erkalten lassen. Abseihen und 9 Tropfen 7fMJ zufügen. Bei Husten und Bronchitis den Sud zusätzlich mit Honig süßen. Über einen Monat hinweg je ½ Glas vor den Mahlzeiten unter Zugabe von weiteren 9 Tropfen 7fMJ davon trinken, für Säuglinge und Kleinkinder entsprechend ihres Gewichts weniger.

Insektenstiche

Petersilienblätter sind seit alters her ein wirkungsvolles Mittel, um das Gift, das Insekten beim Stechen hinterlassen haben, unschädlich zu machen. Sie können seine Wirkung noch verstärken, indem Sie ein paar Zweige oder 2 bis 3 EL Petersilienblätter waschen und im Mörser zerdrücken oder ganz fein hacken, bis eine breiartige Masse entsteht. 6 Tropfen 7fMJ zufügen, auf die Einstichstelle auftragen und etwa eine halbe Stunde einwirken lassen. Der Juckreiz wird damit schnell verschwinden.

San-Damiano-Wasser

Abkürzung: **7fSD** (7 Frequenzen, San Damiano)
Energie: polarisiert
Schwingungsebene: 5 (Immunsystem)
Harmonische: 9 (Übergangsebene)
Vorwiegende Frequenz: G
Resonanz: zum Großhirn

Die Frequenz G (160 Hz) ist die typische Frequenz des Großhirns, der sogenannten Gehirnrinde. Deshalb ist 7fSD so außerordentlich wirksam bei allen Funktionen, die vom Großhirn gesteuert werden und bei allen Störungen, die in diesem Bereich auftreten. Die Hirnrinde ist unter anderem zuständig für die Koordinierung der Stimuli, d. h. der Nervenreize, die vom Zentrum zur Peripherie, in die Organe und Extremitäten, und umgekehrt laufen. Dazu gehören Bewegung, Sprache und Bewußtsein, aber auch die Psyche und davon abhängige Funktionen.

Entzündungen

Darm, Blase, Prostata und Menstruationsbeschwerden

20 g Schafgarbe (*Achillea millefolium*) in 1 Liter kaltem Wasser ansetzen, erhitzen und kurz vor dem Kochen vom Herd nehmen. Abdecken und abkühlen lassen, dann abseihen, 9 Tropfen 7fSD dazugeben und dreimal täglich zwischen den Mahlzeiten ein halbes Glas davon lauwarm trinken. Die Kur sollte mindestens einen Monat dauern.

Halsschmerzen, Heiserkeit, Reizhusten

Bereits 9 Tropfen 7fSD auf die Halsgegend aufgetragen und eingenommen, beruhigen meist innerhalb kurzer Zeit die Reizung. Ein übriges können Sie tun, indem Sie mit folgender Mischung gurgeln: 1 Glas Wasser, 9 Tropfen 7fSD, 1 EL Apfelessig. Die gleiche Mischung können Sie auch für einen Halswickel nach Kneippscher Tradition (vgl. Seite 17) verwenden.

Zahnfleisch

Geben Sie in eine kleine Tasse oder Schüssel je 1 EL Wasser und Apfelessig. Fügen Sie je 9 Tropfen 7fSD und 7fL (Lourdes-Wasser) dazu und massieren Sie mit der Flüssigkeit an den Fingerspitzen Ihr Zahnfleisch mindestens zweimal am Tag, am besten nach dem Zähneputzen.

Herzrhythmusstörungen

Wie immer bei grundlegenden und andauernden Beschwerden dient die Basisanwendung (vgl. Seite 56) zur prinzipiellen Harmonisierung der offenbar massiv gestörten organischen Frequenzen. Zusätzlich betupfen Sie regelmäßig die Herzgegend zuerst mit 9 Tropfen 7fL (Lourdes-Wasser) und dann mit 7fSD. Um die Gefäßwände zu stärken, können Sie auch 7fMT (Montichiari-Wasser) dazugeben.

Warme Bäder sollten Sie bei Herzrhythmusstörungen einschränken, weil Sie Ihr Herz nicht zusätzlich belasten sollten. Ersetzen Sie das Bad lieber durch eine Dusche oder durch Abreibungen. Ein Waschlappen mit 7fSD und 7fL (Lourdes-Wasser) während eines kühleren Bades auf die Herzgegend gelegt, verschafft Ihnen ebenfalls Erleichterung.

***Mariangela Di Cagno**, 72 Jahre alt, erlitt eines Nachts einen Herzinfarkt. Sie war alleine in ihrer Wohnung in Mailand und scheute sich, jemanden zu rufen; sie wollte die Ankunft ihrer Schwester am nächsten Morgen abwarten. Trotz der starken Schmerzen konnte sie das Regal erreichen, auf dem ihre Lichtwässer stehen, und nahm während der folgenden Stunden regelmäßig Lourdes-Wasser ein.*

Am nächsten Morgen war ihre Schwester entsetzt über den Vorfall und bestand auf einem Transport ins Krankenhaus, wo man Mariangela natürlich gleich auf die Intensivstation legen wollte. Aber sie erklärte, daß sie nur zu einer Kontrolle gekommen sei. Da sie keine Medikamente nehme, sondern sich mit Lichtwasser therapiere, sei es ihrer Ansicht nach nicht sinnvoll, sie im Krankenhaus zu behalten. Etwas fassungslos ließen die Ärzte sie gehen.

In der folgenden Nacht kombinierte Mariangela 7fL mit 7fMJ (Medjugorje-Wasser) und nahm die Mischung mehrfach ein. Tagsüber trank sie »literweise«, wie sie erklärte, andere, stark polarisierte Lichtwässer sowie 7fMJ mit 7fFT (Fatima-Wasser) und buchte gleich eine Behandlung im Lichtwasserzentrum in Bari (vgl. Adressen ab Seite 95).

Seit dieser Therapie hat Mariangela weder Herzschmerzen noch sonstige Symptome gehabt, sondern setzt ihr außerordentlich aktives Leben fort.

■

■ Krämpfe und Schmerzen

Unter anderem werden auch die Schmerzimpulse von der Hirnrinde verarbeitet. Schmerz ist grundsätzlich zwar positiv zu werten, weil er als Alarmsignal des Körpers eine lebensrettende Funktion haben kann, aber Schmerzen können auch das Leiden noch verstärken.

7fSD wirkt generell beruhigend und krampflösend. Ganz gleich, ob es sich um Muskel-, Magen- oder sonstige Krämpfe handelt: Sie sollten unbedingt 7fSD sowohl äußerlich wie innerlich regelmäßig anwenden.

Noch besser ist die Wirkung, wenn man 7fSD mit einem spezifischen Lichtwasser kombiniert, das mit dem schmerzenden Organ oder Körperbereich korrespondiert: im Fall von Magenschmerzen oder Regelschmerzen beispielsweise mit 7fMT (Montichiari-Wasser), bei Gelenk-, Knochen- oder Muskelschmerzen mit 7fMJ (Medjugorje-Wasser), bei Wunden, Narben, Verbrennungen und dergleichen mit 7fL (Lourdes-Wasser). Bei akuten Schmerzen sollte man die Tropfen in kurzen Zeitabständen einnehmen und/oder auftragen (etwa dreimal in der Minute), um eine nachhaltige Wirkung zu erzielen.

■ Bei akuten Zahnschmerzen vor oder nach einer Behandlung (wie Zahnziehen) kann man gleich 36 Tropfen 7fSD einnehmen und auch 9 Tropfen äußerlich auftragen. Wiederholen Sie die Anwendung so oft wie nötig.

■ Bei chronischen Schmerzen sollte man die Anwendung »nur« dreimal am Tag durchführen, aber über einen längeren Zeitraum hinweg (mindestens einen Monat lang) fortsetzen.

Psychische Probleme

Angstzustände

Nehmen Sie in regelmäßigen Zeitabständen 9 Tropfen 7fSD ein. Wenn Sie sich in eine Situation begeben müssen, die Ihnen zuvor bereits Probleme bereitet hat, zum Beispiel mit Flugangst ein Flugzeug für Ihre Reise benutzen müssen, wird Ihnen das Lichtwasser nicht nur die Vorbereitung darauf erleichtern. Nehmen Sie ruhig schon lange vor der Reise regelmäßig 7fSD ein. In der Streßsituation selbst, also im Flugzeug, sollten Sie das Lichtwasser in kürzeren Zeitabständen verwenden und auch Ihre Haut an Schläfen und Hals damit behandeln.

Nervosität, Reizbarkeit, starke Erregbarkeit, Unzufriedenheit

Bei langandauernden, geradezu chronischen Symptomen sollte man zur Basisanwendung (vgl. Seite 56) greifen. Bei akuter Reizbarkeit kann man zu jeder Tageszeit regelmäßig die angegebenen Lichtwässer einnehmen, zum Beispiel jede Stunde, alle zehn Minuten oder in Notfällen wie Panikattacken auch eine oder mehrere Minuten lang alle zehn Sekunden.

Sie finden außerdem bereits Entspannung, wenn Sie ein paar Tropfen 7fSD auf die Fingerspitzen geben und auf Halsgrube, Nacken und Schläfen sanft verreiben. Diese Methode bietet sich übrigens auch bei sehr kleinen Kindern oder Patienten an, denen man aus irgendeinem Grund keine Flüssigkeit einflößen kann.

7fSD kann natürlich nicht etwa die tatsächlichen Ursachen von seelischen Problemen aus dem Wege räumen, allerdings hilft es, zur inneren Harmonie und Ruhe zurückzufinden. Auch eine Bach-Blütentherapie (vgl. Seite 22) kann man mit dem Lichtwasser wirkungsvoll unterstützen.

Schlafstörungen

Ein unruhiger Schlaf, wiederholtes Aufwachen oder gar nicht erst zur Ruhe zu finden, kann einem im wahrsten Sinne des Wortes »den letzten Nerv rauben«. Sowohl bei Einschlafstörungen als auch bei Problemen mit dem Durchschlafen hat sich 7fSD als sehr hilfreich erwiesen, weil es die gestörten Frequenzen des Gehirns harmonisiert.

- Mit 9 Tropfen 7fSD nach der Abendmahlzeit und noch einmal vor dem Schlafengehen mit etwas Wasser eingenommen oder direkt unter die Zunge geträufelt, findet man die erholsame Ruhe des Schlafs. Wer häufig unfreiwillig in der Nacht aufwacht, sollte ein Glas mit 7fSD auf dem Nachttisch bereitstehen haben, um bei Bedarf direkt einen Schluck davon nehmen zu können.
- Bei chronischen Schlafstörungen kann man die Dosis auch erhöhen. Am wirksamsten ist eine genaue Dosierung, die dem Körpergewicht Rechnung trägt: Man multipliziert sein Körpergewicht in Kilogramm mit 9 und erhält die notwendige Anzahl der Tropfen. Eine Person mit einem

Körpergewicht von beispielsweise 65 Kilogramm mißt also 585 Tropfen 7fSD ab. Um nicht jedesmal erneut zählen zu müssen, markieren Sie sich den Flüssigkeitsstand direkt beim ersten Mal an einem bestimmten Gefäß. Dann brauchen Sie in der Folge nur noch das Wasser abzumessen.

Man kann diese Wassermenge auf einmal vor dem Schlafengehen zu sich nehmen oder aber noch besser in drei Portionen aufteilen: eine nach dem Abendessen, eine etwa eine Stunde später und die letzte kurz vor dem Schlafengehen.

- Bei hartnäckigen Schlafstörungen kann man 7fSD auch viermal am Tag einnehmen, um eine grundlegende Beruhigung zu erzielen, die dem Nachtschlaf sicher förderlich ist.
- Natürlich trägt auch die Basisanwendung (vgl. Seite 56) zur Regulation des Schlaf-Wach-Rhythmus bei.

Fatima-Wasser

Abkürzung: **7fFT** (7 Frequenzen, Fatima)
Energie: polarisiert
Schwingungsebene: 5 (Immunsystem)
Harmonische: 4 (Zellwachstum)
Vorwiegende Frequenz: F
Resonanz: Großhirn, limbisches System

Eins der besonderen Merkmale von Fatima-Wasser ist, daß es die Wirkung aller anderen Lichtwasser verstärkt. Aus diesem Grund finden Sie es häufig in den vorangegangenen Anleitungen in Kombination mit anderen Lichtwässern und ebenso in der Basisanwendung (vgl. Seite 56). Aber auch wenn es nicht ausdrücklich vermerkt ist, können Sie jederzeit 7fFT verwenden, vor allem zur Unterstützung des sogenannten limbischen Systems im Gehirn, das unter anderem für die Ausprägung gefühlsmäßiger Reaktionen verantwortlich ist. 7fFT wird generell selten allein eingesetzt. Sie werden selbst schnell ein Gespür dafür entwickeln, wann Ihnen dieses Wasser besonders zuträglich ist.

Versuchen Sie das Lichtwasser doch einmal in

bestimmten Momenten, die äußerste geistige Klarheit erfordern oder auch, wenn Sie vor wichtigen Entscheidungen stehen, wenn Sie starke Zweifel haben, kurz: wenn Ihre ganze Geisteskraft gefordert ist.

Die Ausprägung der Hirnrinde, des Großhirns ist von allen Lebewesen beim Menschen am höchsten entwickelt. Hier ist quasi die Leitzentrale, aus der die Koordination zwischen dem Nervensystem und dem übrigen Organismus gesteuert wird. Vor allem das limbische System hat dabei eine Art Vermittlerfunktion. Diese Leitzentrale sendet Impulse und Energie aus und nimmt damit auch Einfluß auf unsere Gedanken und Entscheidungen.

Zusammengefaßt: In Kombination mit anderen Lichtwassern verstärkt 7fFT deren Wirkung auf die allgemeine, körperliche Gesundheit. Darüber hinaus hat es eine Resonanz zu unserem Bewußtsein und unserer »Geistigkeit«, weshalb Fatima-Wasser bei besonderen Problemen auch alleine benutzt wird. Nehmen Sie nach Bedarf jeweils 9 Tropfen dieses umfassenden Lichtwassers ein. Schwierige Lebenslagen sind sehr individuell. Deshalb sind spezielle »Rezepte« hier nicht sinnvoll. Das bedeutet aber keineswegs, daß 7fFT weniger wichtig ist, im Gegenteil: Es deckt zusammen mit Lourdes-Wasser den größten Bereich ab, sozusagen als »Alpha« (7fL) und »Omega« (7fFT) der Lichtwässer.

Der praktische Umgang mit den Lichtwässern

■ Aufbewahren von Lichtwässern

Lichtwässer brauchen Licht, ein strahlungsfreies Umfeld und Glasbehälter

Lichtwässer sind resonant mit den sieben Frequenzen des Lichts. Sie brauchen das Tageslicht, weil sie nach längerer Zeit im Dunkeln ihre Fähigkeit verlieren, sich zu »vermehren« und damit auch ihre therapeutische Wirkung. Bewahren Sie die Lichtwässer also immer dort auf, wo sie das Tageslicht ohne weiteres erreichen kann.

■ Falls ein Lichtwasser aus irgendeinem Grunde einmal längere Zeit im Dunkeln gestanden haben sollte, können Sie es aber wieder beleben, indem Sie es mindestens 24 Stunden dem natürlichen Licht aussetzen. Sonnenlicht ist dafür besonders geeignet, aber nicht unbedingt notwendig. Sie finden sicher einen Platz auf dem Balkon oder Fensterbrett, wo sich Ihre Lichtwässer »erholen« können.

■ Bewahren Sie Lichtwässer nie in Plastikgefäßen auf, sondern nur in Glasbehältern. Wenn Sie es zum Trinken vorbereiten, können Sie auch Ton-, Porzellan- oder Steingutkrüge und -tassen verwenden. Allerdings sollten Sie darauf achten, daß die Glasur keine toxischen Substanzen enthält, die besonders in kräftigen Gelb- und Orangetönen vorkommen können.

- Verwahren Sie Lichtwasser nie in der Nähe von starken elektromagnetischen Feldern wie zum Beispiel Fernsehgeräten, CD-Spielern, Computern, Fax- oder Fotokopiergeräten, Kühlschränken, Waschmaschinen, Mikrowellenherd und dergleichen. Sollte das doch einmal geschehen, stellen Sie das Lichtwasser so bald wie möglich wieder (wie oben beschrieben) ans Licht.
- Die Behälter, am besten Tropfflaschen, sollten beim Abfüllen hundertprozentig steril sein, vor allem, wenn Sie das Wasser länger aufbewahren oder es zur »Vermehrung« (Reproduktion) benutzen wollen. Wenn Sie Tropfflaschen (in Apotheken) kaufen, sind diese in der Regel bereits steril abgepackt. Spülen Sie sie vorsichtshalber noch mehrmals mit klarem, abgekochten Wasser durch, bevor Sie sie benutzen.
- Wenn Sie Flaschen neu befüllen, kochen Sie diese etwa drei Minuten aus. Lassen Sie die Gefäße nicht im Kochwasser abkühlen, sondern nehmen Sie sie mit einem Schöpflöffel aus dem noch heißen Wasser heraus und lassen sie auf einem Sieb oder einem Tuch auslaufen und trocknen. Erst wenn sich der Wasserdampf ganz verflüchtigt hat, verschließen Sie sie wieder.

Die 9-Tropfen-Regel: 9 Tropfen Lichtwasser auf bis zu 1 Liter Wasser. Für jeden weiteren Liter 9 Tropfen mehr.

Sie können die Gefäße auch in der Spülmaschine sterilisieren, wenn diese keine Rückstände von Spülmittel hinterläßt und wenn Sie einen abschließenden Gang hat, der die gespülten Gegenstände mit Dampf sterilisiert (was normalerweise der Fall ist).

Reproduktion von Lichtwässern

Die dem Buch beigefügten Basiswässer sind allein für die Reproduktion, d.h. »Vermehrung«, bestimmt. Eine der herausragenden Eigenschaften der Lichtwässer ist, daß sie über unendlich viele »Generationen« reproduzierbar sind, vorausgesetzt, einige einfache Grundbedingungen werden erfüllt:

- Es muß sich um Wässer handelt, die mit allen sieben Lichtfrequenzen resonant sind.
- Sie dürfen nicht untereinander vermischt sein. Wenn Sie beispielsweise eine Flasche mit Montichiari-Wasser und Fatima-Wasser vorbereitet haben, dann ist diese Mischung wunderbar für die Therapie bestimmter Beschwerden, aber sie kann nicht als solche reproduziert werden.
- Denken Sie daran, daß Sie zuerst normales Trinkwasser und dann das Lichtwasser ins Gefäß geben und nicht umgekehrt. Sie wollen ja schließlich das Trinkwasser informieren und nicht das Gefäß.
- Auf die zu informierende Wassermenge bis zu einem Liter geben Sie neun Tropfen Lichtwasser. Das bedeutet, daß Sie auch auf ein Glas Wasser, das Sie zum Trinken vorbereiten, neun Tropfen rechnen müssen. Wenn Sie allerdings zwei Liter Wasser vorbereiten, dann müssen Sie 18 Tropfen

Lichtwasser dazugeben: Mit anderen Worten: mindestens neun Tropfen, und für jeden folgenden Liter weitere neun Tropfen Lichtwasser sind notwendig.

Die neun Tropfen sind nicht etwa »symbolisch« oder gar »magisch« zu verstehen. Sie sind notwendig zur Abdeckung der ersten neun Schwingungsebenen und zur Vermehrung der meisten Lichtwässer unabdingbar.

- Im Zweifel: besser mehr als weniger. Wenn Sie nicht sicher sind, ob acht oder neun Tropfen aus dem Tropfenzähler gefallen sind, dann geben Sie noch einen Tropfen dazu. Und wenn Sie einmal keinen Tropfenzähler zur Hand haben, dann benutzen Sie einfach einen sterilen Löffel, aus dem Sie die Flüssigkeit abtropfen lassen.
- Frühestens nach 24 Stunden sollten Sie aus dem frisch angesetzten Lichtwasser wiederum Tropfen entnehmen, um weitere Wassermengen zu informieren. Wenn Sie das Wasser zur Therapie verwenden wollen, brauchen Sie allerdings keine 24 Stunden zu warten, das Lichtwasser ist sofort einsatzbereit. Allein zur weiteren Reproduktion braucht es seine Zeit.
- Der ideale Zeitpunkt für die Reproduktion ist der Vormittag, genauer gesagt zwischen 3 und 11 Uhr morgens, weil diese Zeit in ihrer energetischen Eigentümlichkeit analog ist zum Frühjahr, d. h. der Jahreszeit, in der sich ja auch das Leben in der Natur mit großer Leichtigkeit entwickelt.
- Benutzen Sie für die Reproduktion normales Trinkwasser, und zwar Leitungswasser, wenn dieses in Ihrer Gegend gut und trinkbar ist, oder noch besser frisches Quellwasser. Falls Sie Mineralwasser benutzen, wählen Sie allerdings solches aus Glasflaschen. Es sollte möglichst kein Sprudel sein, also kein Wasser, das mit Kohlensäure versetzt ist.

Auf keinen Fall sollten Sie destilliertes Wasser verwenden! Zahlreiche Laborversuche haben nämlich gezeigt, daß dieses Wasser nicht mehr voll informationsfähig ist. Das liegt nicht etwa daran, daß die normalerweise enthaltenen Mineralionen zur Informationsfähigkeit beitragen. Der Grund ist vielmehr, daß die Destillation das Wasser »streßt« und seine Aufnahmefähigkeit für die natürlichen Frequenzen schwächt. Deshalb sollte auch Wasser aus einer Umkehrosmose (Filterung mit Hilfe eines Konzentrationsgefälles) nicht zur Vermehrung von Lichtwasser benutzt werden.

Lichtwasser vermehren braucht Zeit, Lichtwasser anwenden geht sofort.

Das zu informierende Wasser sollte natürlich so rein und so frisch wie möglich sein. Deshalb ist fließendes Wasser aus einer guten Quelle oder einem guten Brunnen so vorzüglich: Es handelt sich dabei noch um »lebendes« Wasser, dessen Molekülbindungen leicht und offen sind und das besonders gut Informationen aufnimmt und speichert. Bioelektrische Untersuchungen zeigten, daß Wasser, das in Bewegung ist, sich selbst regeneriert und reinigt.

Wasser aus der Wasserleitung lassen Sie am

besten etwas laufen, bevor Sie es zu Reproduktion benutzen. Das zuerst ausgelaufene Wasser aber nicht verschwenden, sondern zum Blumengießen usw. benutzen! Wasser aus Flaschen können Sie etwas »beleben«, indem Sie es mehrfach – natürlich in saubere Gefäße – umgießen. Wenn das Wasser aus einer gewissen Höhe fällt, vermischt es sich dabei mit Sauerstoff und verändert seine innere Struktur. Bedenken Sie immer: Wasser in Bewegung ist »lebendes« Wasser; stehendes Wasser hingegen nicht.

- Achten Sie darauf, nie Ihren letzten Vorrat eines bestimmten Lichtwassers zu verbrauchen. Wenn Sie keine zweite Flasche zur Hand haben und die erste zur Neige geht, dann entnehmen Sie einfach mit dem Tropfer neun Tropfen und legen die Pipette so, daß sie steril bleibt, also mit nichts anderem in Berührung kommt. Füllen Sie dann den Behälter mit Wasser auf und geben die neun Tropfen aus der Pipette wieder hinein.

Am besten halten Sie ein Reservefläschchen zu Hause bereit, um auch noch Wasser zur Verfügung zu haben, wenn Ihr Gebrauchsfläschchen einmal kaputt- oder verlorengehen sollte.

- Wenn Lichtwasser einmal sehr lange gelagert hat und Sie Zweifel haben, ob Sie es noch trinken können, dann reproduzieren Sie es mehrmals. Sie müssen dann zwar ein paar Tage Geduld haben, weil Sie jeder »Generation« 24 Stunden Zeit geben sollten, aber dann können Sie sicher sein, daß Ihr Lichtwasser einwandfrei ist.

Fragen und Antworten

Wie vertragen sich Medikamente mit den Lichtwässern?

Es gibt in dieser Hinsicht keine Gegenanzeigen. Viele Ärzte und Patienten haben allerdings bemerkt, daß die notwendige Arzneidosis allmählich, aber stetig abnahm, wenn die Einnahme von Lichtwässern »begleitet« wurde. Am besten nimmt man die Lichtwässer direkt vor und nach den vom Arzt verordneten Mitteln ein.

Aber Vorsicht: Beobachten Sie aufmerksam Ihre Reaktionen, machen Sie sich Notizen und sprechen Sie im Zweifel mit Ihrem Arzt, bevor Sie eigenmächtig ein Medikament absetzen, das Ihr Therapeut für wichtig hält.

Wenden Sie die Lichtwässer nicht »mechanisch« an wie irgendein Produkt aus der Apotheke, sondern machen Sie sich bewußt, daß die harmonisierende Wirkung Ihren gesamten Körper stärkt und ihn widerstandsfähiger gegen Erkrankungen macht.

Wie vertragen sich homöopathische Mittel mit den Lichtwässern?

Homöopathische Mittel beruhen ähnlich wie die Lichtwässer auf einem Energieprinzip. Allerdings ist es nach dem aktuellen Stand der Forschung möglich, daß der molekulare Spin der beiden Mittel entgegengesetzt eingestellt ist (vgl. Seite 30). Das Prinzip der Homöopathie ist die

Verdünnung von Materie zu Energie, während im Lichtwasser der Vorgang eher umgekehrt vollzogen wird. Deshalb ist es ratsam, Lichtwässer und Homöopathika – zumindest ohne Absprache mit dem Therapeuten – nicht gleichzeitig einzunehmen, sondern zu verschiedenen Zeiten, um ein möglicherweise negatives Zusammenwirken verschiedener oder gar entgegengesetzter energetischer Ebenen zu vermeiden.

Gibt es Gegenanzeigen für die gleichzeitige Verwendung von Lebensmittelergänzungsprodukten (wie Mineralien und Vitaminen) und rein pflanzlichen Präparaten aus der Pflanzenheilkunde?

Nein. Die gleichzeitige Anwendung von natürliche Substanzen und Lichtwässern zeigte keine nachteiligen Auswirkungen.

Können Lichtwässer verderben, gibt es ein Verfallsdatum?

Es handelt sich hierbei um Wasser, nicht um ein komplexes Fabrikprodukt. Aber auch Wasser sollte nicht unendlich lange stehen, sondern seiner Natur nach in Bewegung bleiben, »fließen«. Deshalb sollten Sie es gelegentlich reproduzieren (vgl. Seite 90) und umfüllen. Achten Sie dabei auf die sorgfältige Reinigung und Sterilisierung der Glasgefäße.

Was macht man mit Lichtwasser, das nicht mehr gebraucht wird, weil es beispielsweise eine Mischung ist und als solche nicht reproduzierbar?

Schütten Sie Lichtwasser möglichst nicht einfach achtlos fort. Wenn Sie es nicht mehr brauchen, dann gießen Sie Ihre Pflanzen oder tränken Sie Ihre Haustiere damit – Sie werden staunen, wie sie auf Lichtwasser reagieren.

Oder versuchen Sie einmal, etwas Montichiari-Wasser in den Kuchen- oder Brotteig zu geben: Alle Lebewesen reagieren positiv auf die natürlichen Frequenzen der Lichtwässer.

Können Lichtwässer schaden? Alles, was therapeutisch wirksam ist, soll doch auch Nebenwirkungen verursachen.

Das trifft durchaus für pharmazeutische Medikamente zu, nicht aber für Lichtwässer. Auch für den Fall, daß Sie nicht zum optimalen Lichtwasser gegriffen haben, passiert weiter nichts, denn das Wasser tritt dann nicht in Resonanz mit Ihrem Körper, weil er es nicht benötigt. Bedenken Sie immer: Lichtwasser wirkt nicht einfach symptomatisch, sondern stellt einen Anreiz für die Selbstheilungskräfte des Organismus dar.

Wie lange sollte man Lichtwässer anwenden? Normalerweise wird bei Therapien eine Zeitdauer angegeben, und Nahrungsmittelergänzungsstoffe werden meist auch nicht ohne Unterbrechung benutzt.

Bei akuten Fällen, beispielsweise Verletzungen, bis zur vollständigen Abheilung, im Zweifel eher einen oder zwei Tage länger. Bei chronischen Beschwerden braucht die Behandlung oft etwas Geduld, wie bei anderen Therapieformen auch – allerdings mit dem Unterschied, daß Lichtwässer nie überdosiert werden können, keine unerwünschten Nebenwirkungen haben und keine Gewöhnung verursachen.

Die Basisanwendung sollte mindestens einen Monat lang ununterbrochen durchgeführt werden. Wenn Sie nicht gerade andere Lichtwässer spezifisch einsetzen, kann die tägliche Harmonisierung von Speisen und Getränken Ihrem Wohlbefinden nur zuträglich sein – auch ein ganzes Leben lang.

In welchen Mengen sollte man Lichtwasser verwenden?

Hier gilt normalerweise nicht das Prinzip »viel hilft viel«. Kleinste Mengen, in der Regel neun Tropfen auf einen Liter Wasser, sind völlig ausreichend. Dabei sollte die Mindestmenge nicht unterschritten werden, größere Mengen sind aber nicht etwa schädlich. Im Gegenteil: Bei Schwerkranken oder in akuten Fällen sollte man die Mengen sogar erhöhen: täglich neun Tropfen eines Lichtwassers pro Kilogramm Körpergewicht, jeweils in drei Portionen.

Was ist, wenn man täglich ziemlich starken elektromagnetischen Feldern ausgesetzt ist, beispielsweise viel am Computer arbeitet oder fernsieht? Sollte man Lichtwässer trotzdem einnehmen?

Gerade dann die Lichtwässer regelmäßig, aber ruhig öfter einnehmen – wenn Sie am Computer arbeiten, etwa jede Stunde, um Ihre gestörten Körperfrequenzen wieder zu normalisieren.

Hat die Ernährungsweise einen Einfluß auf die Wirkung der Lichtwässer?

Eine gesunde, naturgemäße Ernährung hat einen großen Stellenwert für ein gesundes Wohlbefinden. Es wäre sicherlich ein großer Fehler, in dieser Beziehung allzu nachlässig zu sein und sich darauf zu verlassen, daß die Lichtwässer dann alles wieder in Ordnung bringen! Sie sollten ihre Wirkung unterstützen, indem Sie folgende einfache Regeln beachten:

- Giftstoffe und Rückstände möglichst meiden.
- Qualität vor Quantität: Qualität bedeutet unter anderem frische und möglichst wenig verarbeitete Lebensmittel. Also täglich reichlich frisches Obst und Gemüse, der Jahreszeit entsprechend, und nach Möglichkeit aus biologischem Anbau.

- Den Fleischkonsum reduzieren, Fisch und Geflügel bevorzugen.
- Täglich Vollwertkost, Vollkornbackwaren etc. zu sich nehmen.
- Hochwertiges, kaltgepreßtes Öl verwenden.
- Eventuell zum Essen auch ein Glas guten Wein genießen, aber hochprozentige alkoholische Getränke meiden.

Lichtwässer regenerieren sich nur bei natürlichem Licht und sind nur damit vermehrbar. Gilt das auch für uns Menschen?

Wir verbringen wohl alle zu viel Zeit in geschlossenen Räumen und bei künstlichem Licht. Wußten Sie, daß Pflanzen bei »falschem« Licht sichtlich dahinkümmern, sich aber bei »gutem« Licht wieder erholen? Bei uns ist das vielleicht weniger offensichtlich, aber trotzdem nicht grundlegend anders.

Lichtwässer können die Auswirkungen dieses Problems zwar nicht einfach »ausmerzen«. Wenn Sie allerdings aus beruflichen Gründen oft zu unregelmäßigen Tages- oder gar Nachtzeiten arbeiten, werden Ihnen die Lichtwässer, vor allem die Basisanwendung (vgl. Seite 56), helfen, trotzdem erholsam zu schlafen und mit diesem eher unnatürlichen Rhythmus verhältnismäßig gut zu leben.

Außerdem sollten Sie versuchen, sooft Sie können, in den Nachtstunden, vor allem zwischen 21 und 3 Uhr, etwas Schlaf zu bekommen. Das Vorherrschen der polarisierten Energie zu dieser Zeit ist ungemein wichtig zum »Aufladen der Batterien«. Verwenden Sie zu dieser Zeit immer San-Damiano-Wasser zusammen mit Fatima-Wasser, die dank ihrer polarisierten Energie dann besonders wirkungsvoll sind.

Nachwort

Ich kenne Gudrun Dalla Via seit vielen Jahren als anspruchsvolle Journalistin und mittlerweile auch gute Freundin. Sie nahm nach anfänglicher Skepsis gegenüber der Mikroinformation des Wassers schließlich mit Beharrlichkeit und Begeisterung an meinen Kursen über die Anwendung der Lichtwässer teil.

Ich freue mich über ihr Anliegen, die Essenz der aktuellen Forschung zu den Lichtwässern und deren einfache Anwendung in übersichtlicher und praktischer, vor allem frei zugänglicher Form weiterzugeben. Ich danke Gudrun Dalla Via, daß sie auch der Entdeckung der Lichtwässer ihre Aufmerksamkeit gewidmet hat.

Den Lesern dieses Buches lege ich ans Herz, die Lichtwässer als ein wertvolles Geschenk zu betrachten, das mit Dankbarkeit und Respekt benutzt werden sollte. Das Verständnis dieses einzigartigen Phänomens wird sich durch das sorgsame Benutzen immer mehr einstellen. Ich wünsche allen eine erfolgreiche Anwendung der Lichtwässer, die uns und unseren Körper wieder zu unserem ursprünglichen Wohlbefinden zurückführen können.

im Juni 1997
Enza Ciccolo

Literaturhinweise

Wasser und Information, Aspekte homöopathischer Forschung. Institut f. Strukturelle Medizinische Forschung e. V. und vom Physiologischen Institut der Universität Graz. Graz-Heidelberg 1993

Olof Alexandersson: *Lebendes Wasser*, Steyr/Österreich 1993

Marco Bischof: *Biophotonen, das Licht in unseren Zellen*, Frankfurt 1995

L. Borello: *Come le pietre raccontano*, Verlag Gribaudo 1989

Enza Ciccolo: *Acqua d'Amore*, Rom 1989

Enza Ciccolo: *Verso l'Unità Cosmo*, Lugano 1991

G. Mancini: *Physiologia Nova*, Vita Sana 1976

C. L. Kevran: *Preuves en biologie de transmutations a faible energie*, Paris 1975

Wolfgang Ludwig in: *Umweltmedizin*, hrsgg. von Treven/Talkenhammer, Idstein 1991.

Michel Schiff: *Das Gedächtnis des Wassers*, Frankfurt 1997

Theodor Schwenk: *Das sensible Chaos*, Stuttgart 1962

Adressen

Wir sind für Hinweise und Berichte über Ihre persönlichen Erfahrungen mit Lichtwässern stets dankbar. Schreiben Sie an die Adresse des Verlages, die Autorin freut sich über Ihre Nachrichten:

Frau Gudrun Dalla Via
c/o vgs verlagsgesellschaft
Gertrudenstraße 30–36
50667 Köln

Wenn Sie weitere Lichtwässer benötigen (Basiswässer oder spezifische Lichtwässer), wenn Sie weitere Informationen wünschen oder sich für eine Behandlung (vielleicht während eines Italienurlaubs) vormerken lassen wollen, können Sie sich an eines der folgenden Zentren wenden:

Studio GIBA, Dr. Enza Ciccolo
Ripa di Porta Ticinese 5
I-20143 Mailand (Lombardei)
Tel. (0039) 2/836 15 32
Fax (0039) 2/894 012 31

Ass. Acque di Luce
via Brenta Vecchia 47
I-30170 Mestre
Tel. = Fax (0039) 41/940 205

Centro Raffaella Fizzarotti
via Piccinni 185
I-70123 Bari (Apulien)
Tel. (0039) 80/521 31 13
Fax (0039) 80/ 561 86 02

Ass. Acque di Luce
Enrico Casalgrande
via Fusara 21
I-42042 Fabbrico (Reggio Emilia)
Tel. = Fax (0039) 522/650 225

Ass. Acque di Luce
via XX Settembre 29
I-33013 Gemona
Tel. = Fax (0039) 432/971 909

Ass. Acque di Luce
c/o dott. Mariateresa Zedda
via Monti 31
I-09100 Cagliari
Tel. (0039) 70/490 275
Fax 499 218

Ass. Culturale »Il Cielo«
via Andrelini 38
I-47100 Forli
Tel. (0039) 543/352 36

Register